博士后文库
中国博士后科学基金资助出版

白桦叶片内源激素与合成相关基因表达分析

张荣沭　著
杨传平　主审

科 学 出 版 社
北　京

内 容 简 介

白桦是形成天然林的主要树种之一，用途广泛。其木材可用于一般建筑及器具制作；皮可药用、提桦油；植于公园、庭院、道旁、草原和森林中，均美观秀丽，极具观赏价值。内源激素在多方面分别或相互协调地调控着植物的生长、分化和发育。本书建立了提取检测植物激素的方法，并对白桦叶片内源激素及其合成相关基因表达进行了分析。全书共分为 8 章：第 1 章绪论；第 2 章内源激素提取方法研究；第 3 章激素 HPLC-PAD 检测方法建立；第 4 章激素含量 LC-MS/MS 检测方法建立；第 5 章白桦内源赤霉素含量及合成关键基因的表达分析；第 6 章白桦内源脱落酸含量及合成关键基因的表达分析；第 7 章白桦内源吲哚乙酸含量和 *BpGH3* 基因家族的表达分析；第 8 章结论。

本书可供高等院校相关专业师生使用，也可供科研机构从事林木生长发育、激素水平分析方面研究的人员参考阅读。

图书在版编目(CIP)数据

白桦叶片内源激素与合成相关基因表达分析/张荣沭著.—北京：科学出版社，2019.3

(博士后文库)

ISBN 978-7-03-060785-0

Ⅰ. ①白… Ⅱ. ①张… Ⅲ. ①白桦－内源激素－基因表达－研究 Ⅳ. ①S792.153

中国版本图书馆CIP数据核字(2019)第044010号

责任编辑：张会格 刘 晶 / 责任校对：郑金红
责任印制：肖 兴 / 封面设计：刘新新

科学出版社 出版
北京东黄城根北街 16 号
邮政编码：100717
http://www.sciencep.com
中国科学院印刷厂 印刷
科学出版社发行 各地新华书店经销
*
2019 年 3 月第 一 版 开本：720 × 1000 1/16
2019 年 3 月第一次印刷 印张：8 1/2
字数：154 000

定价：108.00 元

《博士后文库》编委会名单

《博士后文库》序言

1985 年，在李政道先生的倡议和邓小平同志的亲自关怀下，我国建立了博士后制度，同时设立了博士后科学基金。30 多年来，在党和国家的高度重视下，在社会各方面的关心和支持下，博士后制度为我国培养了一大批青年高层次创新人才。在这一过程中，博士后科学基金发挥了不可替代的独特作用。

博士后科学基金是中国特色博士后制度的重要组成部分，专门用于资助博士后研究人员开展创新探索。博士后科学基金的资助，对正处于独立科研生涯起步阶段的博士后研究人员来说，适逢其时，有利于培养他们独立的科研人格、在选题方面的竞争意识以及负责的精神，是他们独立从事科研工作的“第一桶金”。尽管博士后科学基金资助金额不大，但对博士后青年创新人才的培养和激励作用不可估量。四两拨千斤，博士后科学基金有效地推动了博士后研究人员迅速成长为高水平的研究人才，“小基金发挥了大作用”。

在博士后科学基金的资助下，博士后研究人员的优秀学术成果不断涌现。2013 年，为提高博士后科学基金的资助效益，中国博士后科学基金会联合科学出版社开展了博士后优秀学术专著出版资助工作，通过专家评审遴选出优秀的博士后学术著作，收入《博士后文库》，由博士后科学基金资助、科学出版社出版。我们希望借此打造专属于博士后学术创新的旗舰图书品牌，激励博士后研究人员潜心科研，扎实治学，提升博士后优秀学术成果的社会影响力。

2015 年，国务院办公厅印发了《关于改革完善博士后制度的意见》（国办发〔2015〕87 号），将“实施自然科学、人文社会科学优秀博士后论著出版支持计划”作为“十三五”期间博士后工作的重要内容和提升博士后研究人员培养质量的重要手段，这更加凸显了出版资助工作的意义。我相信，我们提供的这个出版资助平台将对博士后研究人员激发创新智慧、凝聚创新力量发挥独特的作用，促使博士后研究人员的创新成果更好地服务于创新驱动发展战略和创新型国家的建设。

祝愿广大博士后研究人员在博士后科学基金的资助下早日成长为栋梁之材，为实现中华民族伟大复兴的中国梦做出更大的贡献。

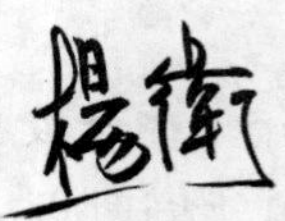

中国博士后科学基金会理事长

前　言

白桦(*Betula platyphylla* Suk.)属桦木科(Betulaceae)桦木属(*Betula*)，为草原向森林过渡的先锋树种，在东北地区蓄积量最大，是我国重要的经济树种之一，具有生长速度快、更新好、对环境适应性强和用途广泛等特点。白桦可作为重要原材料用于工艺、家具、纸浆、单板及胶合板生产。从桦树皮中可提取挥发油、桦木脑、内酯等药效成分，因而具有极广的医药用途。此外，白桦丛植、孤植于公园或庭院的草坪、池畔、湖滨，或列植于道旁、草原和森林中均美观秀丽，极具观赏价值。

内源激素的调控对林木生长及生殖发育起着非常重要的作用，其生理效应极其复杂多样，在离体组织培养、细胞分裂与伸长、组织与器官分化、植物开花、结实、成熟到衰老、休眠和萌发等方面，分别或相互协调地调控植物的生长和发育。

在我国，白桦强化育种、扦插繁殖、组织培养和优树选择等方面的研究成绩显著。东北林业大学通过对白桦苗木进行强化处理，使自然条件下需 17～20 年开花结实的白桦，在 2～3 年内即可开花结实。白桦提早开花结实的促进措施之一为直接改变白桦营养生长阶段内源激素的平衡，使白桦体内激素水平的变化向有利于花芽分化的方向转变。由此可见，调控白桦发育过程中激素的水平，对白桦的生长发育具有积极的促进作用。

目前，在分子水平上研究激素的表达调控已成为植物激素研究领域的前沿和热点，对植物激素的研究主要集中在内源激素的信号通路、激素的受体和激素之间信号通路等方面。荧光实时 RT-PCR 方法经过不断改进，具有省时、成本低、不易污染、特异性强等优点，因能检测表达量较低的 mRNA，已成为基因表达分析的首选方法。

作者的研究组前期通过 Solexa 测序技术，建立了白桦花芽和叶芽的 cDNA 文库，从中获得了大量调控白桦激素合成的相关基因。在此基础上，本研究利用 LC-MS/MS 方法和实时定量 PCR 技术，对白桦在一个生长周期内不同发育时期内源赤霉素、吲哚乙酸、脱落酸等激素含量的时序变化及其生物合成和代谢的关键基因的时序表达进行研究，结果可为在分子水平调控植物激素合成、促进白桦生长发育方面的进一步研究奠定理论基础，并在农林业生产上发挥巨大作用。

本书由东北林业大学张荣沭副教授撰写，东北林业大学林木遗传育种国家重点实验室杨传平教授主审。本书在撰写过程中得到了多方面的关心、帮助和支持，特别感谢东北林业大学林木遗传育种国家重点实验室王玉成教授在课题研究和本书撰写过程中的悉心指导与无私帮助，感谢刘桂丰教授、王志英教授、严善春教授、程玉祥教授、刘志华副教授对本书出版的热情而无私的帮助。在实验完成过程中，还得到了东北林业大学林木遗传育种国家重点实验室高彩球老师、郑磊老师，以及研究生张岩、吴英杰、孟昭军、王超、刘福妹、曲春谱的帮助，在此一并表示感谢！

感谢国家自然科学基金面上项目(NSFC：31370662、NSFC：31370642)和国家“973”课题“林木营养生长和生殖生长转变的调控机理”(2009CB119102)对本书完成的经费支持。感谢博士后科学基金资助本书的出版。

由于作者水平有限，书中不足之处在所难免，希望读者及各位同行提出宝贵意见。

著　者

2018年8月16日

目　录

1 绪　　论

1.1 白桦的研究概况

白桦(*Betula platyphylla* Suk.；birch)为桦木科(Betulaceae)桦木属(*Betula*)落叶乔木，是一个北温带的广布种，生长迅速，耐寒能力强，喜酸性土壤(Wang et al.，2004)。白桦不仅是工艺、家具、纸浆、单板和胶合板生产中的重要原料，而且由于桦树皮中含有挥发油、桦木脑、内酯等药效成分，还具有广泛的医药用途。此外，白桦丛植、孤植于公园或庭院的草坪、池畔、湖滨，或列植于道旁、草原和森林中均美观秀丽，极具观赏价值。白桦林分布广泛，遍及我国的东北、华北、西北地区，以及西南的四川等地，其蓄积量占全国桦木类的 87%，其中东北林区集中了全国白桦面积总蓄积量的 2/3 以上，具有全球范围内的广阔发展前景。由于其重要的生态、观赏和实用经济价值，白桦历来被列为国家科技计划研究的重要树种之一，对其遗传改良的范围也在不断扩大，主要目标是培育速生、优质和高抗的林木新品种。在此背景下，东北林业大学林木遗传育种国家重点实验室在白桦强化育种、倍性育种和分子育种等方面开展了大量研究工作，并取得大量的研究成果。采用白桦棚式种子园技术，使自然条件下 15～20 年开花结实的白桦缩短为 2～3 年开花结实；以 1 年生超级白桦苗为材料，通过配套强化措施，实现了白桦 2～3 年开花结实、4～5 年规模结实。该技术在我国促进白桦提早开花结实技术研究方面取得了突破性进展，在国际上处于领先水平。采用人工诱变技术使白桦细胞中染色体数目加倍而形成多倍体。以四倍体白桦为母本、二倍体白桦为父本进行杂交，获得白桦三倍体，营建的白桦三倍体制种园，可生产速生、优质、抗逆的三倍体白桦良种。利用二代高通量测序技术绘制了白桦基因组框架图，为揭示白桦材性形成的分子调控机制及分子遗传学研究提供了极大的便利条件。利用基因工程育种技术，针对林木的优质、抗逆、速生等性状进行了遗传改良研究，已获得 *BpAR1*、*ThLEA*、*BpFLC*、*Pt4CL1* 等基因的遗传转化株系上千余个，转基因苗木上万余株，发表论文 100 余篇，获批多个国家级白桦良种。

1.2 植物内源激素的研究进展

1.2.1 内源激素种类

植物内源激素(endogenous hormones)是植物体内合成的一系列痕量有机化合物，它们在植物的某一部位产生，运输到另一个或一些部位，在极低的浓度下便可以引发生理反应，几乎参与调控植物整个生命过程，调控着植物的生长发育和对环境的适应性(白玉等，2010)。植物激素主要包括生长素(auxin)、细胞分裂素(cytokinin，CTK)、赤霉素(gibberellins，GA)、脱落酸(abscisic acid，ABA)、乙烯(ethylene)、油菜素甾醇类(brassinosteroids，BR)、茉莉酸(jasmonic acid，JA)及茉莉酸甲酯(methyl jasmonate，MeJA)、水杨酸类(salicylic acid，SA)和多肽激素(peptide hormones)等(Feng et al.，2017；Major et al.，2017；Jogaiah et al.，2018)。植物激素对生长的调控是一个极为复杂的生理过程，受到诸多环境因子及本身代谢等因素的影响。它们可以单独发挥作用，或依赖于各激素彼此间在合成和应答水平上的相互作用来对植物的生长发育产生影响，这种相互作用形成了一个复杂的应答网络，包括各种不同的机制(Ruedell et al.，2015；Wu et al.，2018)。目前，激素信号转导途径中许多组分已被鉴定，各种激素之间的交叉反应机制，以及对这一复杂信号网络体系的研究也取得了很大进展。对主要植物内源激素赤霉素、脱落酸、吲哚乙酸和玉米素的研究进展介绍如下。

赤霉素是公认的植物内源激素中种类最多、生理功能最广的一种，其分子结构见图 1-1。至今已发现 100 多种赤霉素，总称为赤霉素类。其中能作用于高等植物整个生命周期的只有少数具有生物活性的 GA，它们与其他植物激

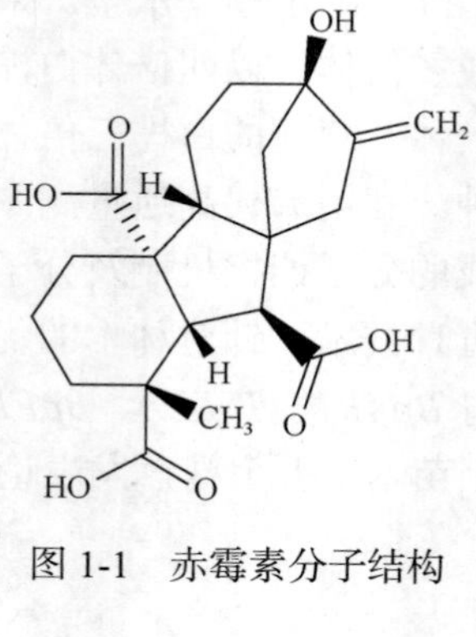

图 1-1 赤霉素分子结构

素之间的相互作用决定了 GA 对植物生长发育的调控，使 GA 在不同的器官中有不同的生理功能(Bermejo et al., 2018；Fan et al., 2018)。例如，赤霉素 GA_3 已被广泛应用于农林园艺业，对打破种子休眠、促进茎叶生长、提早开花及增大果实等方面都有显著作用。研究发现，赤霉素最突出的作用是可以提高植物体内生长素的含量，从而加速细胞的伸长、促进细胞的分裂和扩大(胡先明等，1990；霍树春等，2007)。

吲哚乙酸(indole-3-acetic acid，IAA)又名茁长素、生长素、异生长素，属吲哚类化合物，其分子结构见图 1-2。IAA 在植物体内含量甚微，但参与了植物许多生理生化过程的调节与控制，其引起的效应表现在多个方面，如能促进不定根和侧根的形成、细胞分裂、维管束的分化、叶片的扩大、茎伸长、偏上性生长、雌花的形成、果实和种子的生长、伤口的愈合、坐果和顶端优势等。这些生物活性与 IAA 的浓度有关。低浓度的 IAA 能促进植物生长，而高浓度则抑制植物的生长，甚至导致植物的死亡，此抑制作用与 IAA 能否诱导乙烯的形成有关。IAA 的抑制作用表现在幼叶、花和果实的脱落，以及侧枝的生长、块根的形成等(苑博华等，2005；赵东利等，2009)。赤霉素和生长素分别在调节细胞扩大和组织分化方面起相互叠加的作用。IAA 既能影响赤霉素的合成，又影响 GA 的信号转导(Bermejo et al., 2018；Yoneda et al., 2018)。

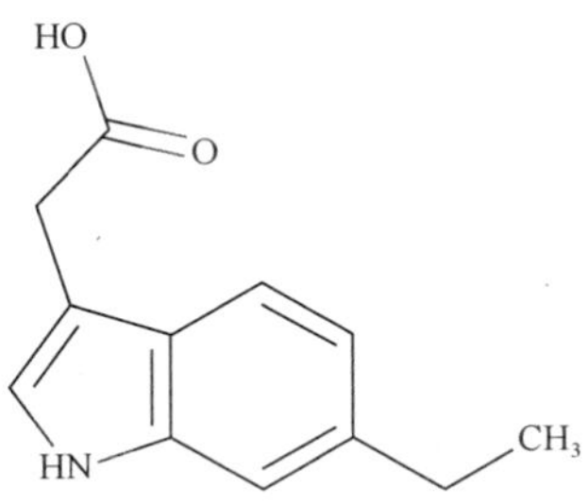

图 1-2 吲哚乙酸分子结构

脱落酸是一种较强的植物生长抑制剂，可抑制离体器官或整株植物的生长，其分子结构见图 1-3。ABA 能抑制胚芽鞘、嫩枝、根和胚轴等器官的伸长生长，促进休眠。这与 IAA、GA 和 CTK 的作用相反。在秋季日照变短条件下，木本植物的叶片中 ABA 含量逐渐增多，使芽进入休眠状态。研究发现，如果将 ABA 施到木本植物生长旺盛的小枝上，也会引起芽休眠。随着研究的深入，人们发现 ABA 在植物生长发育过程中还具有促进作用，包括体细胞胚的发生和发育、种子发育与休眠、细胞分裂、组织器官的分化与形成(赵毓橘，2002；鲁旭东和吴顺，2004)。ABA 和 GA 在调控植物生长发育和对环境应答等过程中起重要作用。GA 促进种子萌发、植物开花和果实发育等，而 ABA 则抑制这些过程。现已有多种不同的机制解释 GA 与 ABA 间复杂的相互作用（Yue et al.，2018）。

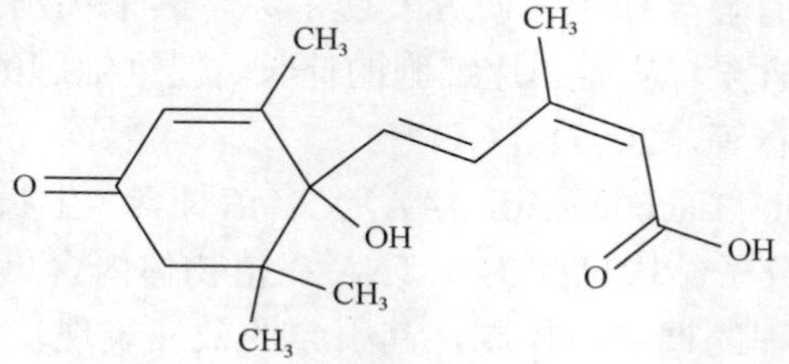

图 1-3　脱落酸分子结构

玉米素［*trans*-6-（4-hydroxy-3-methylbut-2-enylamino）purine，zeatin，ZT］是从未成熟的玉米籽粒中分离出来的一种天然细胞分裂素，其分子结构见图 1-4。在植物生命活动中，玉米素具有多种重要生理作用，包括：促进细胞分裂、芽的形成、腋芽生长、木质部分化、种子发芽、根与叶的成长，抑制茎的伸长，阻止老化，维持核酸、蛋白质和叶绿素的含量，增强抵抗高低温能力，加速养分和同化物质的移动等（潘根生等，1995）。由于细胞分裂素能维持蛋白质和核酸的合成，因而具有防止离体叶片衰老、保绿的作用。在叶片的局部施用 ZT 类植物激素，能吸聚其他部分的物质向这里运转和积累（潘根生等，1995）。

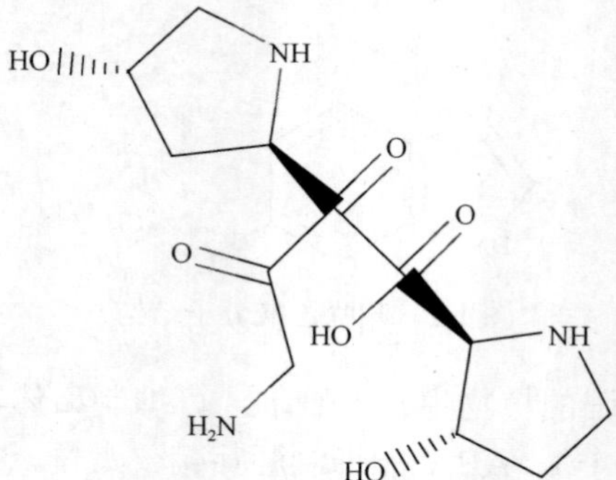

图 1-4　玉米素分子结构

1.2.2　内源激素提取分离方法的研究进展

植物内源激素含量极低，性质不稳定，并且植物体中存在复杂基质的干扰。为了避免这些问题，检测激素前需要进行提取、纯化、富集处理。具体包括有机溶剂提取(organic solvent extraction)、液-液萃取(liquid-liquid extraction，LLE)、固相萃取(solid phase extraction，SPE)、固相微萃取(solid phase microextraction，SPME)和气相萃取(vapor phase extraction，VPE)、分子印记聚合物(molecularly imprinted polymer，MIP)等方法。通常需要将不同的提取、纯化方法单独或协同使用来达到实际的检测需求。

液-液萃取法常用于目标物质与基质的分离。现在提取过程中常用的溶剂有甲醇、甲醇-水、二氯甲烷、二乙醚、二氯甲烷混合中性或酸性水溶液(Hooykaas et al.，1999；Mueller et al.，2006；Tucker and Roberts，2000)。由于植物内源激素种类多，结构差异大，需有针对性地选择溶剂。理想的溶剂应确保在高效提取目标物质时尽可能减少提取出样品中共存的干扰物。

固相萃取法具有高效、可靠及耗用溶剂量少等优点，在国内外逐渐成为样品预处理有效而可靠的方法。固相萃取可被近似看成是简单的色谱过程。吸附剂为固定相，而流动相是萃取后得到的水样。当流动相与固定相接触时，其中的某些痕量物质和目标物被吸附在固定相中。用少量的选择性溶剂洗脱，可对目标物富集和纯化(Dobrev and Kamínek，2002)。固相萃取的效果主要取决于吸附剂类型及用量、水样体积、洗脱剂类型。极性有机物选择正相吸附剂，非极性或弱极性有机物可选择反相吸附剂，而离子型的有机物则用离子交换树脂(Raven and Johnson，2002)。固相萃取法能更有效地将目标物质与干扰物质分离；回收率高；不需要超纯溶剂，能处理小体积的样品；消耗的有机溶剂少，可减少对环境的污染；易收集目标物质的组分；操作易于自动化，是一种极具前途的预处理样品的技术，因而已广泛被用于卤代烃、农药、酚类、有机氯化合物、多环芳烃等环境样品中优先控制污染物的测定。此外，SPE 技术还易与 GC、GC/MS、HPLC 等仪器联用(增田芳雄等，1972；Zhang et al.，2008)。

固相微萃取和气相萃取技术也被用于激素的提取与纯化。实验证明，固相微萃取技术操作简单快速、原料消耗量小，灵敏度却大大提高。对植物组织的茉莉酸甲酯和茉莉酸进行预富集和 GC-MS 分析，检测限可达 2 $ng \cdot g^{-1}$(Meyer et al.，2003；Zadra et al.，2006)。研究者将萃取、相分配和吸附纯化的操作技术集中于一个装置中，以 Super Q 为吸附剂，采用气相萃取同时分离分析茉莉酸和水杨酸，在 24 h 内就完成了 50 个样品的常规检测工作，样品量仅为毫克(mg)级。利用此方法，可同时富集和检测多种内源激素、毒素和不稳定有机化合物(Engelberth et al.，2003；Schmelz et al.，2003)。

分子印记聚合物是一种植物样品中痕量激素前处理的介质，适用于复杂样品中目标物质的高选择性分离、富集，对被分析物及其结构相似物具有特异识别功能，具有选择性高、稳定性好、步骤少、简便的优势。张毅(2009)以IAA为模板分子，以4-乙烯基吡啶和β-环糊精为复合功能单体制备的分子印记聚合物磁性微球，选择性萃取IAA及其结构类似物，提高了印记效率，此复合功能的分子印记聚合物磁性微球比单一功能单体制备的高 50%～100%，实现了植物样品吲哚-3-乙酸系列物的选择性分离与富集。

1.2.3 内源激素检测方法的研究进展

随着分离与分析新技术和新方法的发展，以及植物激素作用机制研究的迫切需要，建立了对一些激素的测定方法，主要有生物鉴定法、免疫学方法和物理化学方法。

1.2.3.1 生物测定法

生物测定法(bioassay)是依据植物激素的生理活性，通过某些植物组织或器官产生的特异反应进行测定。例如，测定CTK时，常用尾穗苋黄化苗子叶的苋红色素合成法(黄晓荣等，2009)。鉴定GA可用裸大麦糊粉层-淀粉酶诱导形成法。鉴定IAA可用燕麦芽鞘弯曲法和小麦芽鞘切断伸长法，此法可同时检测ABA。由于生物鉴定法检测激素的精度限制已不能满足分析的需要，目前多用其验证激素的生理活性(李雨薇和肖浪涛，2007)。

1.2.3.2 免疫学方法

免疫学方法(immunology method)中最常用的超微量分析方法为放射免疫法(RIA)和酶联免疫法(enzyme-linked immunosorbent assay，ELISA)。植物激素为抗原免疫动物得到特异性的抗体，在同一个反应体系中定量的标记激素分子(Ag^{+})与样品中含量未知的激素分子(Ag)竞争性地与定量的抗体结合。样品中未标记的激素分子(Ag)越多，则反应达平衡时形成的Ag^{+}-Ab越少，从而依据Ag^{+}/Ag^{+}-Ab比值来计算样品中激素分子含量(梁艳，2003；黄晓荣等，2009)。

1.2.3.3 物理化学方法

物理化学方法(physicochemical method)可分为光谱法(spectrometry)和色谱法(chromatography)两类(李雨薇和肖浪涛，2007)。光谱法因其专一性较差，已较少使用。

色谱法包括纸层析(paper chromatography)、薄层层析(thin-layer chromatography，TLC）、气相色谱（gas chromatography，GC）、高效液相色谱（high performance liquid chromatography，HPLC），以及气-质联用（gas chromatography-mass spectrometry，GC-MS）和液-质联用（liquid chromatography-mass spectrometry，LC-MS），是利用物质在不同介质中的分配原理将分离和测定结合起来。由于PC和TLC的分离效率和灵敏度有一定限制，常与其他方法结合使用（Ma et al.，2008；Hou et al.，2008）。GC和HPLC已成为当前激素测定中最常用的技术，具有专一、灵敏、准确等特点（Birkemeyer et al.，2003）。GC-MS可作为鉴定未知植物激素的工具，并被用于验证其他方法的可靠性（Birkemeyer et al.，2003；Koo et al.，2008）。与GC比较，HPLC的检测器是薄弱环节，较难找到一种既通用，灵敏度又高的检测器，因洗脱液与样品的许多物质的物理性质都很接近。只有LC-MS检测效果很好，常作为纯化方法与GC-MS或免疫法联用。利用GC或HPLC方法分析植物激素，灵敏度和选择性高，重复性好（Ma et al.，2008）。

1.2.3.4 二极管阵列检测器

二极管阵列检测器（photodiode array detector，PAD）是以光电二极管阵列（或CCD阵列，硅靶摄像管等）作为检测元件的UV-VIS检测器。检测时让所有波长的光都通过流动池，然后通过一系列分光技术，使所有波长的光在接收器上直接被紫外检测。所使用的流动相为在检测波长下无紫外吸收的溶剂，检测器直接紫外检测被测组分的紫外吸收强度（Müller, 1997；黄晓荣等，2009）。

1.2.3.5 质谱检测器

质谱检测器以离子源、质量分析器和离子检测器为核心。质谱法为确定化合物的分子式和分子结构提供可靠的依据。基本工作原理为：以电子轰击或其他的方式使被测物质离子化，形成各种质荷比的离子，然后使离子按不同的质荷比分离并测量各种离子的强度，从而确定被测物质的分子质量和结构，主要用于有机化学分析，特别是微量杂质分析。它能提供化合物的分子质量、元素组成及官能团等结构信息，分为四极杆质谱仪、离子阱质谱仪、飞行时间质谱仪和磁质谱仪等（Ma et al.，2008；黄晓荣等，2009）。

质谱仪常与热分析、气相和液相色谱等仪器联用。其工作原理为：以具有分离技术的仪器为质谱仪的“进样器”，使分离的纯组分进入质谱仪，提供组分的分子结构和分子质量信息。其可广泛用于生物学、有机化学、食品化学、核工业、石油化工、环境科学、材料科学、医学卫生、地球化学等领域，并且可用于空间技术和公安工作等特种分析方面（李雨薇和肖浪涛，2007）。

1.3 植物内源激素生物合成途径的研究进展

近年来分子生物学手段、遗传学手段和先进仪器的使用，为研究植物内源激素的合成代谢提供了平台。目前，对植物内源激素的合成代谢研究已经很成熟（Yamaguchi，2008；Huang et al.，2010；王丽萍等，2011）。

1.3.1 赤霉素生物合成途径的研究进展

赤霉素的生物合成途径已较清楚（Hedden and Phillips，2000；谈心和马欣荣，2008）。高等植物的 GA 生物合成前体是牻牛儿牻牛儿基焦磷酸（geranylgeranyl pyrophosphate，GGPP），分别在不同的亚细胞结构中合成（图 1-5）（Hartweck, 2008；Izydorczyk et al.，2018）。

赤霉素的生物合成分三步。①在质体中，GGPP 在古巴焦磷酸合成酶（Cuban pyrophosphate synthase，CPS）和内根-贝壳杉烯合成酶（ent-kaurene synthase，KS）催化下环化为赤霉素的前身内根-贝壳杉烯（ent-kaurene）。内根-贝壳杉烯的 C-19 的甲基在内根-贝壳杉烯氧化酶（ent-kaurene oxidase，KO）催化下不断被氧化，分别形成内根-贝壳杉烯醇（ent-kaurenol）、内根-贝壳杉烯醛（ent-kaurene aldehyde）和内根-贝壳杉烯酸（ent-kaurenic acid）。②在内质网的膜上，内根-贝壳杉烯在内根-贝壳杉烯氧化酶和内根-贝壳杉烯酸氧化酶作用下生成 GA 的最初产物 GA_{12}-醛。GA_{12}-醛可在 13-水解酶作用下转变成 GA_{53}（Bömke and Tudzynski，2010；Dayan et al.，2010；Martí et al.，2010）。③在细胞质中，GA_{12}-醛在 GA_{20} 氧化酶、GA_3 氧化酶和 GA_2 氧化酶作用下转变为其他种类 GA。在植物里形成活性 GA 主要有三条途径：早期 3-羟基化途径（GA_{14}→GA_{37}→GA_{36}→GA_4→GA_{34}）、早期 13-羟基化途径（GA_{53}→GA_{44}→GA_{19}→GA_{20}→ GA_1→GA_8）和早期非 3，13-羟基化途径（GA_{12}→GA_{15}→GA_{24}→GA_9→GA_4→GA_{34}）（Phillips, 1998；Chen et al.，2007；Žiauka and Kuusienė, 2010）。

1.3.2 脱落酸生物合成途径的研究进展

在高等植物中，脱落酸（ABA）的生物合成可能存在两条途径。①直接途径：三个异戊二烯单位聚合成 C_{15} 前体法呢基焦磷酸（farnesyl pyrophosphate, FPP），由 FPP 经环化和氧化直接形成 15 碳的 ABA。②间接途径：先由甲羟戊酸（mevalonic acid，MVA）聚合成 C_{40} 前体——类胡萝卜素，再由类胡萝卜

素裂解成 C_{15} 的化合物，如黄质醛(xanthoxin，XAN)，最后由 XAN 转变成 ABA(图 1-6)。现在越来越多的证据表明高等植物主要以间接途径合成 ABA，该途径主要是通过同位素示踪技术和 ABA 缺失突变体的分子生物学分析，再结合无细胞体系等手段研究得出的(Milborrow，2001；Agustí et al.，2007；Jiang et al.，2007)。

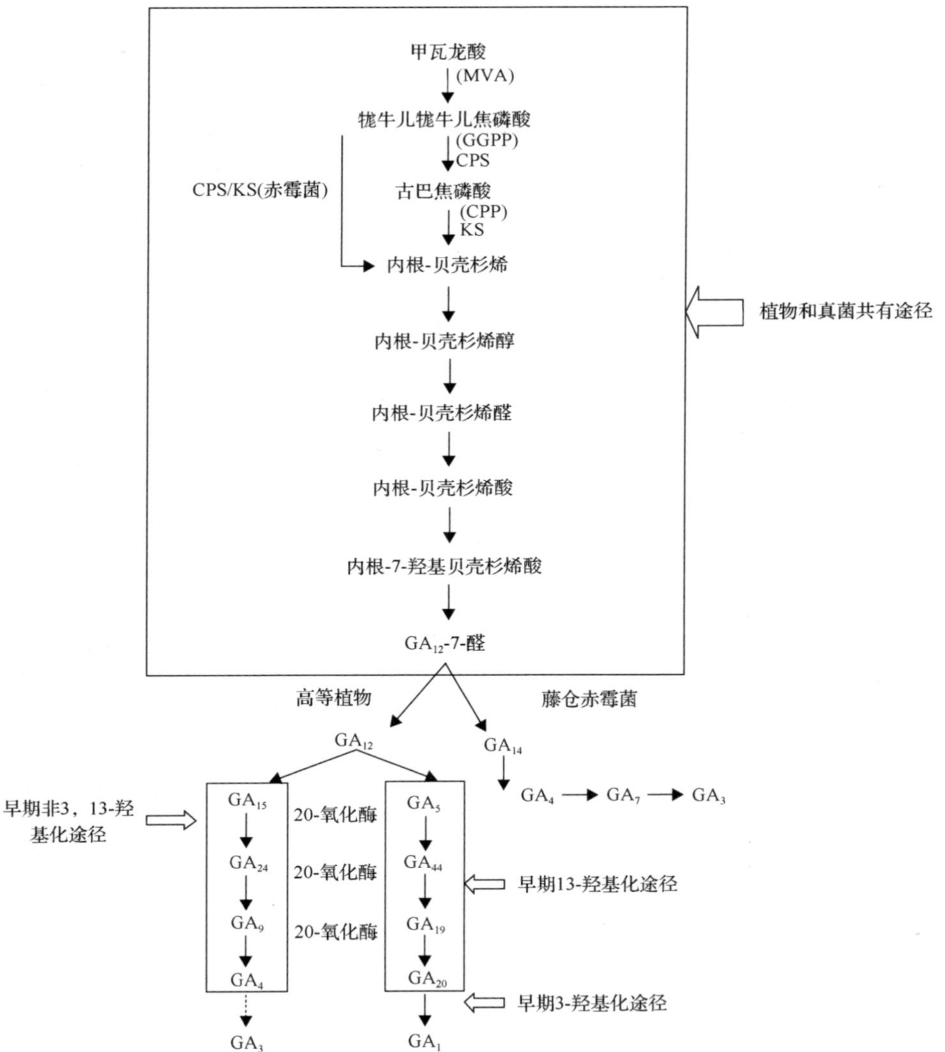

图 1-5 GA 生物合成的途径(谈心和马欣荣，2008)

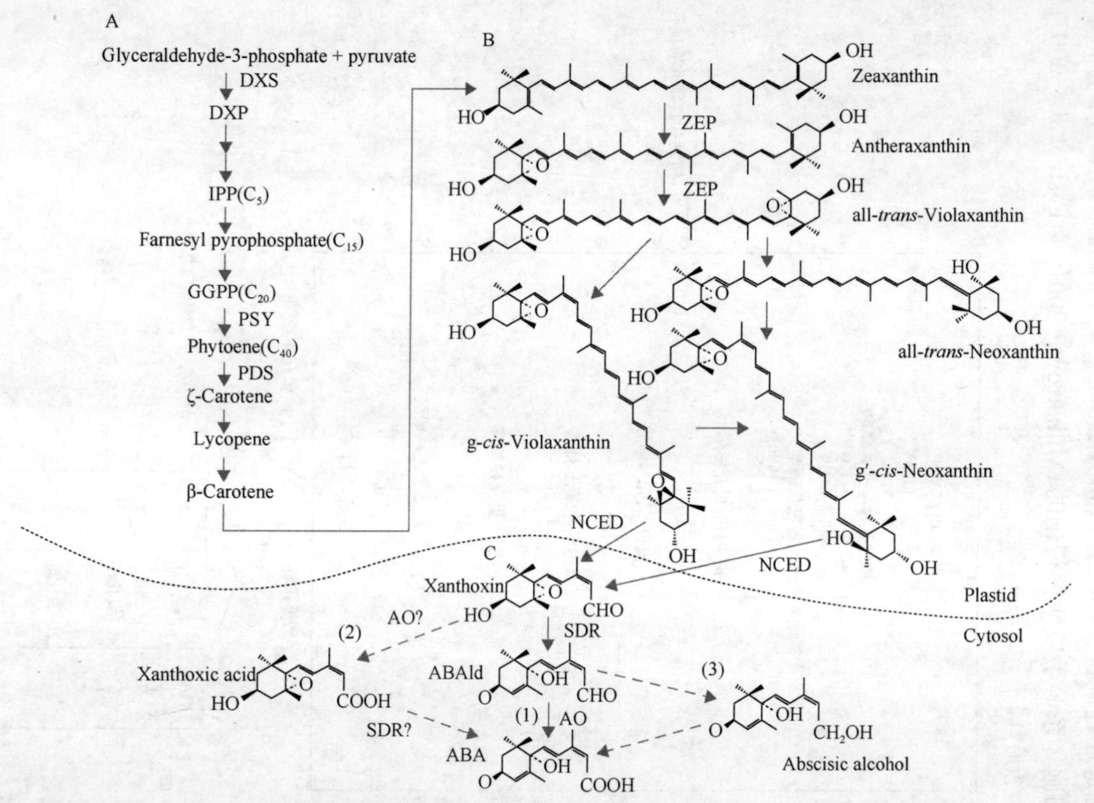

图1-6　植物中的ABA生物合成途径(Seo and Koshiba，2002)

A. 类胡萝卜素前体的合成，是ABA生物合成过程的前期步骤。B. 环氧类胡萝卜素的生成及其在质体中的裂解。C. 胞质中生成ABA的反应，包括三种可能的途径：(1) 以ABAld为中间产物的途径，也是目前推测植物中最活跃的途径；(2) 以黄质酸为中间产物的途径也可能存在；(3) 多经过一步中间产物脱落乙醇，该途径在正常的植物中可能只是一种备用途径，但在ABAld氧化受抑制的突变体中是重要的补偿途径

1.3.2.1 异戊烯基焦磷酸的生物合成

异戊烯基焦磷酸(IPP)生物合成有两条途径(图 1-7)，分别在细胞质和质体中进行。细胞质内以甲瓦龙酸(mevalonic acid，MVA)为前体，以 MVA 为前体生成的 IPP 要借助载体作用通过质体膜渗入到质体内(Rohdich et al.，1999；Rohmer, 1999；Agustí et al.，2007；Urano et al.，2017)。

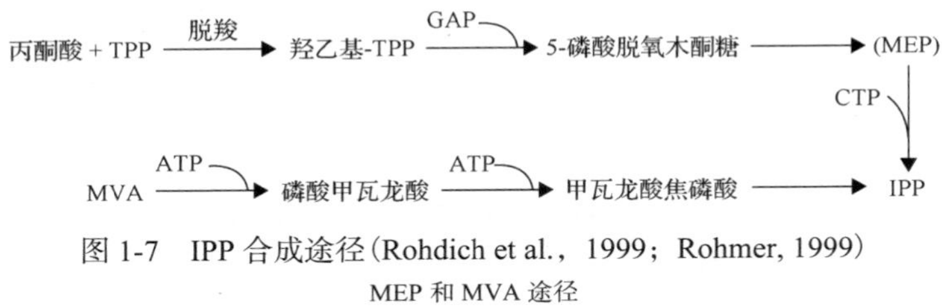

图 1-7 IPP 合成途径(Rohdich et al.，1999；Rohmer, 1999)

MEP 和 MVA 途径

1.3.2.2 黄质醛的生物合成

细胞质中由 MVA 合成后进入质体中的 IPP，以及由质体自身合成的 IPP 都可转化成黄质醛(xanthoxin, XAN)。IPP 经法呢基焦磷酸(FPP)合成玉米黄质，由环氧玉米黄质环化酶(ZE)催化玉米黄质环化形成环氧玉米黄质，新黄质及紫黄质可在 9-顺式-环氧类胡萝卜素双加氧酶(9-*cis*-carotene monooxygenase，NCED)作用下氧化裂解形成黄质醛(杨洪强和接玉玲，2001；Agustí et al.，2007)。

1.3.2.3 脱落酸的合成

由黄质醛氧化生成脱落酸(ABA)。新黄质裂解形成的 XAN 这一步如果受阻，ABA 也不能合成。在细胞色素 P450 氧化酶作用下，ABA 醇可氧化形成 ABA。另外，紫黄质裂解形成的黄质醛在醇脱氢酶作用下可形成不稳定的 4-酮黄质醛，进一步转变成 ABA 醛和自发氧化形成 ABA，这个结果在离体条件和活体内都一致(Cowan and Richardson，1997)。ABA 醛在空气中受一个需要钼辅因子的醛氧化酶催化，很容易转化成 ABA，因而 ABA 醛可能是 ABA 合成的最直接前体(Seo and Koshiba，2002；Seiler et al.，2011)。

1.3.3 吲哚乙酸生物合成途径的研究进展

吲哚乙酸的生物合成途径尚未完全清楚。目前认为植物可以通过依赖于色氨酸的途径(Trp-dependent pathway)或者非依赖于色氨酸的途径(Trp-independent pathway)合成 IAA。对于依赖色氨酸途径，依据 IAA 合成过程中的主要中间产物吲哚-3-乙醛(indole-3-acetaldehyde，IAAID)和吲哚-3-乙腈(indole-3-acetonitrile，IAN)的不同又划分为4条支路：吲哚丙酮酸(indole-3-pyruvic acid，IPA)途径、色胺(tryptamine)途径、吲哚乙醛肟(indole-3-acetaldoxime，IAOx)途径、吲哚乙酰胺(indole-3-acetamide，IAM)途径(倪迪安和许智宏，2001；王家利等，2012)。而对非依赖于色氨酸IAA合成途径因尚未克隆到参与此合成途径的重要基因，目前对其研究甚少。早期同位素标记实验以及对色氨酸营养缺陷(Trp-auxotrophic)的玉米和拟南芥突变体的研究暗示植物可以利用色氨酸的前体分子合成IAA(Normanly et al.，1993；王冰等，2006)。Ouyang等(2000)证明吲哚-3-甘油磷酸(indole-3-glycerolphosphate，IGP)或吲哚(indole)是该途径中IAA合成的前体分子(图1-8)。此外，在根瘤农杆菌和假单胞菌中还发现一条在植物中没有的IAA合成途径，它有两个有关的基因：一个是*iaaM*基因，编码色氨酸单加氧酶，催化色氨酸转变成吲哚乙酰胺；另一个是*iaaH*基因，编码吲哚乙酰胺水解酶，催化IAM生成IAA的反应(Normanly et al.，1993；Normanly，2010；Tromas and Perrot-Rechenmann，2010；Chandler，2016)。

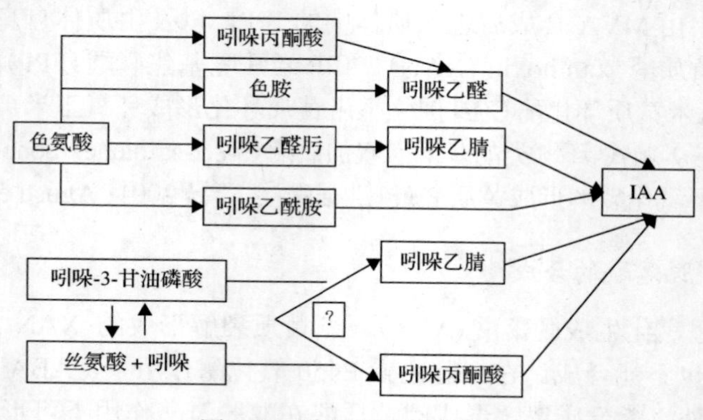

图1-8 吲哚乙酸合成途径

1.4 植物内源激素生物合成关键酶及其基因

1.4.1 赤霉素生物合成关键酶及其基因

1.4.1.1 牻牛儿牻牛儿焦磷酸合酶及其基因

牻牛儿牻牛儿焦磷酸合酶(GGPS)是IPP向GGPP转化的限速酶，由多基因家族编码(Lin et al.，2010；Singkaravanit et al.，2010)。几种植物如辣椒(*Capsicum annuum*)、白羽扇豆(*Lupinus albus*)、长春花[*Catharanthus roseus* (L.) G. Don]和拟南芥的牻牛儿牻牛儿焦磷酸合酶基因已被克隆(Zhu et al.，1997a；Zhu et al.，1997b)。拟南芥牻牛儿牻牛儿焦磷酸合酶(*Arabidopsis thaliana* geranylgeranyl pyrophosphate synthase, AtGGPS)至少有5个成员，即AtGGPS1～4和AtGGPS6。它们与相关蛋白AtGGR的氨基酸序列具有同源性，有7个保守的结构域；其中结构域Ⅱ和Ⅵ是酶与底物结合的场所，富含天冬氨酸且高度保守。在N端有引导序列，当蛋白质进入细胞器(叶绿体)后，引导序列被切除而成为成熟蛋白(Okada et al.，2000；Thabet et al.，2012)。研究认为GGR蛋白不具有牻牛儿牻牛儿焦磷酸合酶的活性，而在离体条件下均能检测到AtGGPS1～AtGGPS6的酶活性。GGPS1和GGPS3参与赤霉素、脱落酸、叶绿素和类胡萝卜素的合成，被定位在叶绿体；GGPS2和GGPS4参与蛋白质的异戊烯基化，位于内质网膜和液泡；在线粒体，GGPS6参与泛醌侧链的合成；在细胞溶质，AtGGR可能参与GPP的形成。其中，GGPS2、GGPS4和GGPS6由甲羟戊酸途径形成IPP，而GGPS1和GGPS3则由非甲羟戊酸途径形成IPP(Okada et al.，2000；Thabet et al.，2012)。序列分析结果发现，基因*AtGGPS4*和*AtGGPS1*无插入序列，而在631～739位，基因*AtGGPS3*有一个108 bp的内含子。5种AtGGPP合酶的编码基因有器官和组织专一性，*AtGGPS1*在茎尖、子叶和下胚轴的维管组织中高表达，在根维管组织中主要是*AtGGPS3*表达，在雄蕊和花瓣中能够检测到*AtGGPS4*(Okada et al.，2000；Thabet et al.，2012)。

1.4.1.2 古巴焦磷酸焦磷酸合酶及其基因

古巴焦磷酸合酶(copatyl diphosphate synthase, CPS)又称为内根-贝壳杉烯合酶A(Chen et al.，2007)。CPS活性在快速分裂的细胞中较强，而在成熟的叶绿体中却很弱(Aach et al.，1995；Köksal et al.，2011)。CPS的碱性N端序列富含丝氨酸和苏氨酸，为引导序列，与跨膜有关，当原酶进入质体时引导序列被切掉(Sun and Kamiya，1994；Bensen et al.，1995；Ait-Ali et al.，1997)。

拟南芥中*AtGA1*编码古巴焦磷酸合酶，其N端的引导序列含50个氨基酸。*AtGA1*在拟南芥快速生长的组织和叶的微管中被严格调控，活性最强(Sun and Kamiya, 1994；Köksal et al.，2011)。豌豆中*LS*基因和玉米中*AN1*基因均编码CPS，Ait-Ali等(1997)发现玉米和拟南芥的CPS与*LS*编码的CPS高度同源。

1.4.1.3 内根-贝壳杉烯合酶及其基因

内根-贝壳杉烯合酶(ent-kaurene synthase，KS)曾被称为内根-贝壳杉烯合酶B，具引导序列，位于前质体，与古巴焦磷酸作用形成内根-贝壳杉烯(Martí et al.，2010)。编码KS的基因相继在笋瓜和拟南芥中被克隆(Yamaguchi et al.，1996；1998；Hayashi et al.，2006)。拟南芥 *AtGA2* 与笋瓜的 *KS* 相似性达70%，在N端均有引导序列。在拟南芥的所有组织中 *AtGA2* 表达量都相对较高，而 *AtGA1* 的表达量极低(Yamaguchi et al.，1998；Hayashi et al.，2006)。

1.4.1.4 内根-贝壳杉烯氧化酶及其基因

内根-贝壳杉烯氧化酶(ent-kaurene oxidase，KO)是一种单加氧酶，依赖于细胞色素P450和NADPH的酶与膜结合，位于内质网。Helliwell等(1998)克隆了拟南芥含有6个内含子和一个1678 bp开放阅读框的基因 *AtGA3*。AtGA3是一种Cyt P450蛋白，属于CYP701家族(Helliwell et al.，1999；Bömke and Tudzynski，2010)。将 *AtGA3* 转入酵母细胞后，发现最初在转化及未转化的细胞中均能检测到内根-贝壳杉烯；15～18 min时，只有在转化细胞中能检测到内根-贝壳杉烯、内根-贝壳杉烯醇、内根-贝壳杉烯醛和内根-贝壳杉烯酸；随时间延长，转化细胞中内根-贝壳杉烯酸含量逐渐增加，说明拟南芥KO能催化内根-贝壳杉烯到内根-贝壳杉烯酸的三步反应(Bömke and Tudzynski，2010)。拟南芥的GA3启动子与RSG(repression of shoot growth)蛋白结合被激活，RSG蛋白有350个氨基酸残基，在194～292位有一个bZIP(碱性亮氨酸拉链)结构域(Fukazawa et al.，2000)。

1.4.1.5 内根-贝壳杉烯酸7β-羟化酶、GA_{12}-醛合酶和GA_{13}-羟化酶及其基因

内根-贝壳杉烯酸7β-羟化酶(ent-kaurene acid 7β-hydroxylase)和GA_{12}醛合酶(GA_{12}-aldehyde synthase)都是与膜结合的、依赖NADPH和细胞色素P450的单加氧酶，催化内根-贝壳杉烯酸→内根-7α-羟-贝壳杉烯酸→GA_{12}-醛两步反应，豌豆 *NA* 基因编码GA_{12}醛合酶(Ingram and Reid，1987；Hayashi et al.，2006)。GA_{12}分子的C_{13}被GA_{13}-羟化酶(GA_{13}-hydroxylase)加上一个羟基即成为GA_{53}(Bömke and Tudzynski，2010)。

1.4.1.6 GA_{20}-氧化酶及其基因

GA_{20}-氧化酶(GA_{20}-oxidase)属于可溶性的双加氧酶，此酶催化 C-20 的每步氧化反应。其功能受编码基因的 C 端序列影响(Martí et al.，2010)。GA_{20}-oxidase 影响 GA 生物合成的第三阶段。此酶对底物专一性要求不高，与底物的亲和力大小因为酶的物种来源而异。C_{20}-GA 经 GA_{20}-氧化酶氧化后生成的 C_{19}-GA 分子主要由 13 碳羟基化(R=OH)和非羟基化(R=H)形成中间产物 GA_{12} 和 GA_{53}，再被催化形成一系列 GA(Chen et al.，2007；Žiauka and Kuusienė，2010)。

GA_{20}-氧化酶由小基因家族编码，基因家族成员间的同源性在 65%～90%，而其氨基酸序列在不相关的物种中同源性为 50%～89%，并发现在几个植物物种中此酶的氨基酸序列都具有一些共同的 motif，如与结合 2-酮戊二酸相关的保守序列 NYYPXCQKP、保守的 H 和 D 残基、与赤霉素底物结合有关的 LPWKET 基元(Carrera et al.，1999；Žiauka and Kuusienė，2010；吴建明等，2016)。

1.4.1.7 $GA_3\beta$-羟化酶及其基因

由于 $GA_3\beta$-羟化酶(GA_3-β-hydroxylase)与中间产物 GA_9(非羟基化)的亲和力高于中间产物 GA_{20}(羟基化)，所以，它作用的底物在 C-19 有羧基，同时在 C-4 和 C-9 之间形成一个极性桥。该酶催化 GA_{20} 和 GA_9 合成 GA_1 和 GA_4。拟南芥有生物活性的赤霉素主要为 GA_4，就是因为其非 13-羟化途径占主导地位(Martin et al.，1997；Wang et al.，2011a)。

不同物种 $GA_3\beta$-羟化酶基因的同源性较低。笋瓜 $GA_3\beta$-羟化酶的 cDNA 与拟南芥和豌豆的同源性低于 40%，功能差异较大。烟草的 $GA_3\beta$-羟化酶(*Nicotiana tabacum* gibberellin 3-β-hydroxylase)132～138 位(MTXGGPT)区域保守，在 229 位和 288 位的组氨酸残基、231 位天冬氨酸残基完全保守，与离子结合有关。212 位和 220 位氨基酸区也高度保守，是辅因子 2-酮戊二酸的结合区。$GA_3\beta$-羟化酶基因仅在各种器官活跃的分裂和延长细胞中表达(Wang et al.，2011b)。

1.4.1.8 $GA_2\beta$-羟化酶及其基因

$GA_2\beta$-羟化酶(GA_2-β-hydroxylase)也称为 GA2-氧化酶，此酶使有生物活性的 GA_1 和 GA_4 在 C-2 位羟化变成无活性的 GA_8 和 GA_{34}。豌豆 *SLN* 基因(编

码 327 个氨基酸组成的 GA_2-氧化酶）是一个小基因家族成员，主要在种皮、花和根中表达，能催化 C_{19}-GA_S、GA_1、GA_4、GA_9 和 GA_{20} 到相应的 2β 羟化产物（Martin et al.，1997）。菠菜（*Spinacia oleracea*）的 GA_2-氧化酶含 337 个氨基酸残基，能催化 GA_9 和 GA_{20} 转变为 GA_{51} 和 GA_{29}（Lee and Zeevaart, 2005）。

1.4.2 脱落酸生物合成关键酶及其基因

脱落酸（abscisic acid，ABA）的生物合成过程中，植物体内的酶及辅酶因子起着极为重要的调控作用。此外，外界环境条件也起到诱导作用。在酶调控生物合成方面，ZE、NCED 和 AO 这三种酶可能起主要的作用（Sagi et al.，1999；Agustí et al.，2007；Kapoor et al.，2018）。一些与 IPP 合成有关的酶，包括 MoCo、MCSU 及细胞膜类固醇等，都可能调节脱落酸的生物合成（Jiang et al.，2007）。

1.4.2.1 玉米黄质环氧化酶及其基因

玉米黄质环氧化酶（zeaxanthin epoxidase, ZE）是第一个在 DNA 序列及氨基酸序列水平上研究的调节脱落酸生物合成酶。烟草（*Nicotiana tabacum*）中由 *ABA2* 基因编码的叶绿体输入蛋白（ZE）能催化玉米黄质环氧化形成新黄质（Wolters et al.，2010）。*ABA2* 编码的 ZE 首先催化玉米黄质→环氧玉米黄质（在还原型铁硫蛋白作用下）→新黄质，同时去环氧化酶作用新黄质逆转形成玉米黄质（Nambara and Marion-Poll, 2003）。在胡椒、烟草、番茄等植物中鉴定到同源玉米黄质环氧化酶 cDNA。脱落酸含量在根（非光合组织）中的增加与特定的叶黄素减少呈线性相关。但干旱条件下 *ABA2* 表达水平在叶（光合组织）中呈周期性变化，不影响 ABA 的生物合成，推测 ZE 可能不是 ABA 合成的关键酶（Audran et al.，1998；Wolters et al.，2010）。

1.4.2.2 9-顺式环氧类胡萝卜素双加氧酶及其基因

9-顺式环氧类胡萝卜素双加氧酶（9-*cis* epoxycarotenoid dioxygenase, NCED）在植物果实成熟、萎蔫、缺水等过程或条件下，对 ABA 合成起关键的调节作用，可能是 ABA 生物合成中最关键的酶。NCED 在植物胞质内合成后，在转运肽引导下进入质体后再催化裂解 9-顺式新黄质及 9-顺式紫黄质→黄质醛。研究发现，玉米 *VP14* 基因的诱导与 ABA 增加相一致，推测 *VP14* 编码的蛋白质可能催化 9-顺式新黄质及 9-顺式紫黄质的裂解反应（Tan et al.，1997；Ren et al.，2007）。Sangwang 等（2010）分离得到 OsNCED 蛋白，发现其 N 端序列可起到转运肽的作用，可以将该蛋白质转运至质体内。Zhang 等(2009)在鳄梨中得到 3 个 9-顺式环氧类胡萝卜素双加氧酶的同源基因，其中 *PaNCED1* 和 *PaNCED3* 与果实成熟中 ABA 合成有关，并在其 N 端都具转运肽，在从胞质转运进入质体的过程中起作用。

NCED 基因是一个多基因家族，*VP14*、*PaNCED1* 和 *PaNCED2* 都是此酶家族中的成员，其氨基酸序列在拟南芥、玉米、番茄、鳄梨及大豆中 60%同源(Chernys and Zeevaart，2000；Ren et al.，2007)，推测 NCED 具有不同的功能关键区，如 N 端转运肽区、可变区、催化反应的核心区等。保守区可能是底物与辅因子结合的区域(Zhang et al.，2009)。

1.4.2.3 醛氧化酶及其基因

醛氧化酶(aldehyde oxidases, AO)具有底物特异性，不仅能催化脱落酸醛转化成 ABA、催化 IAA 醛转化成 IAA(Nambara and Marion-Poll, 2003)，还能催化黄质醛氧化形成黄质醛酸(Zdunek-Zastocka, 2010)。AO 是由 150 kDa 亚基构成同源二聚体，其氨基酸序列高度同源并含有结合 Fe-S 中心和结合钼辅因子(MoCo)的 2 个结合位点(Zdunek-Zastocka, 2010)。醛氧化酶基因同样是多成员家族。拟南芥突变体中已经鉴定出了三种 AO，即 AO1、AO2、AO3(Szepesi et al.，2009)。在拟南芥突变体的下胚轴和根中 *AO* 表达量高，但在其他部位表达量较低，说明其表达具有器官特异性。

1.5 生长素早期响应基因 *GH3*

生长素早期响应基因(auxin-response gene)是指在生长素作用下能迅速被激活转录、不需要新的蛋白质合成的一些基因，这类基因目前被分为三类：生长素/吲哚乙酸蛋白 Aux/IAA(auxin/indole-acetic acids protein)基因、生长素酰胺合成酶 GH3(gretchen hagen 3)基因、生长素上调小 RNA(small auxin up RNA)基因 *SAUR*，这三个家族中的大部分基因能够响应 Auxin 诱导快速、瞬时地表达。对 GH3 家族成员的研究让我们对 IAA 与其他激素信号之间的互作、IAA 与植物对胁迫的适应关系和生长素信号转导途径都有了更新的认识(Tromas and Perrot-Rechenmann, 2010；Wan et al.，2010；Huang et al.，2016)。

在植物中许多 GH3 家族基因或其类似的基因陆续被克隆和鉴定。拟南芥中，GH3 家族成员有 19 个，以及一个不完整基因，分别被命名为 *GH3.1*、*GH3.2*、…、*GH3.20*。依据功能和序列相似性，将其分为三个亚家族。第一亚家族成员编码的蛋白质参与调控茉莉酸(jasmonic acid, JA)和乙烯(ethylene)的生物合成，催化 JA 与乙烯合成前体 1-氨基环丙烷 1-羧酸(1-aminocyclopropane-1-carboxylic acid，ACC)的连接；第二亚家族成员编码的蛋白质催化 IAA 腺苷化或与氨基酸(amino acid)的连接，其中 *AtGH3.5* 能催化水杨酸(salicylic acid, SA)腺苷化及与氨基酸的连接反应；第三亚家族成员编码的蛋白质被认为仅有个别成员可能催化了 SA 与氨基酸的连接(曾文芳等，2015)。研究发现，*AtGH3* 基因共形成两个较明显的基因簇，在第 1 条和第 5 条染色体上分别有 3 个和 5 个 *GH3* 基因，它们方向一致地串联排列在一起(Khan and Stone, 2007；Wan et al.，2010)。在水稻中，已克隆 13 条与 *OsGH3* 基因相似的编码序列，遗传进化树构建分析把它们归为两类，并未发现与拟南芥第三亚家族 *GH3* 基因同源的序列(Chen et al.，2010)。进一步研究发现，在 *OsGH3* 基因没有形成基因簇。在辣椒中鉴定到一个受到 IAA 及乙烯双重调控的 *CcGH3* 基因。在苔藓 *Physcomitrella patens* 中鉴定到 3 个 *GH3* 基因，对其中 2 个成员进行缺失突变体在生长发育方面的研究并未发现其与野生型的不同，可能表示这 2 个基因的功能冗余(Liu et al.，2005；Normanly, 2010)。

研究发现，大豆 *GH3* 基因由 3 个外显子组成，编码质量大约为 70 kDa 的蛋白质。该基因启动子至少含有 3 个生长素响应元件(AuxRE)，其中 D1(25 bp)和 D4(25 bp)都存在响应生长素所必需的 TGTCTC 保守序列，包含在一段 76 bp 的序列中。研究发现，在 *GH3* 上游区域最小的 AuxRE 是 6 个碱基 TGTCTC 序列(Liu et al.，2005)。生长素响应因子 1(auxin response factor 1, ARF1)能特异地结合到这个元件上来启动 Auxin 响应基因的表达。然而在 *CcGH3* 上游启动子区只发现元件 TGTCAC，并未发现典型的 TGTCTC 元件，并且在其上游区域还发现了 ATTTCAAA(乙烯响应元件)(Tromas and Perrot-Rechenmann, 2010)。

1.6 自然条件生长白桦的激素研究概况

白桦天然更新快，地理分布范围很广，适应性强，蓄积量大，是我国极为重要的经济树种之一(姜静等，2003)。其用途极为广泛，在工业、餐饮和医药行业中被广为利用(Ju et al.，2004)。同时，白桦还是我国东北地区及内蒙古非常重要的造林树种。在我国实施“天然林保护工程”情况下，由于传统的胶合板原料树种(椴树、水曲柳等)的可采资源渐趋枯竭，对大径级白桦原木需求量剧增(李同华，2004)。这就急需进行大规模培育白桦速生丰产林，从而缓解供需矛盾。然而，林木特有的生物学问题是生长周期漫长，这也是提高“林木质量和产量”亟待解决的重要问题。植物激素是林木体内天然存在的一类生理活性物质，其含量极低，调控着植物生命周期的诸个方面。为此，针对培育白桦速生丰产林这个核心问题，研究白桦内源激素的响应成为揭示优质速生林木培育的遗传基础与分子调控机制首要解决的关键问题之一。

盖学瑞等(2005)对白桦的根系利用激素处理，对其生根过程中主要内源激素的检测结果发现，所用激素的种类和剂量对白桦根生长的影响显著，其中以IAA200 mg·L^{-1}×6 h效果最佳。魏志刚等(2011)于5月7日至7月6日用不同浓度、等体积GA_3溶液叶面处理3年即可开花的2年生强化育种白桦植株，发现外施GA_3(浓度为50～200 mg·L^{-1})会抑制白桦的开花。此抑制作用是对多个开花途径的某些关键基因的表达都产生影响，共同抑制成花转变，而不是单独作用于某个开花途径，具体的作用原理尚待进一步研究。钱晶晶等(2008)利用花粉离体培养法分析了培养基的组分、pH，以及不同激素对转基因白桦花粉萌发的影响，发现激素类物质在低浓度时促进萌发，而在高浓度时却抑制萌发。

当前，我国在桦树研究方面取得的最突出成就为东北林业大学的白桦强化育种工作，课题组在内源激素对桦树生长发育调控的研究方面已取得了阶段性研究成果。詹亚光等(2001)认为在白桦生根过程中IAA、ABA和可溶性糖含量变化明显，可以根据IAA/ABA的比值衡量白桦插穗生根能力。生根促进剂在根原基孕育期间能显著提高生长素和玉米素水平，降低脱落酸和GA_4水平。IAA/ABA的比值和可溶性糖含量随白桦母树年龄的增加而减少，不同年龄母树插穗的生根能力主要取决于可溶性糖含量而与总氮关系并不密切。无性系间IAA/ABA存在明显差异。插穗存留1片叶片，其生根率高，并且插穗的IAA/ABA比值、可溶性糖及C/N均高。梁艳(2003)研究了内源激素与白桦雄花发育的关系，发现低含量的赤霉素、花分化初期低含量的玉米素、生长素、脱落酸均有利于白桦雄花分化，高水平的玉米素、脱落酸和生长素能促进雄蕊原基分化及孢原细胞的形成。李同华(2004)认为，玉米素在雌花芽花序原基形成期和发育初期的含量非常高，之后其含量振荡递减；而在8月左右，生长素、GA_3、脱落酸各出现一个峰值，9月脱落酸的水平已经很低。在第2年花序内，生长素、GA_3和脱落酸水平变化与花序的生长都呈现正相关，脱落酸含量则与大孢子和成熟胚囊的形成相关。GA_3水平与大孢子形成、胚胎发育和受精作用有关。生长素水平与胚胎发育相关，脱落酸含量在鱼雷胚后期出现低值。吴月亮等(2005)的研究结果表明，白桦有花史大树和无花史幼树中 4 种内源激素水平的动态变化具有明显差异。在雌、雄花芽的生理发端期，有花史白桦大树的 IAA 水平保持相对稳定，而高含量的 ABA 和 iPA 水平的逐渐降低、GA_3 水平的逐渐升高都可能对白桦成花有利。宋福南等(2006)发现白桦内源激素 ABA 的水平先升后降，高浓度的玉米素分别与低浓度的生长素、赤霉素协同作用可促进白桦雌花分化。

由此可见，激素的调控对林木营养生长和生殖发育起着非常重要的作用。研究内源激素在植物生活周期中的变化规律，揭示白桦生长发育机制，可为改良白桦品种、实现白桦优质高产奠定理论基础，并且对满足人类对木材的需求和改善生态环境具有重要的经济意义和生态效益。

1.7 本研究的目的与意义

白桦是我国重要的经济树种之一，在工业、餐饮业和医药业都有极为广泛的用途，白桦被认定为园林绿化、城市林业绿化通道工程首选树种之一，同时还是我国东北地区及内蒙古非常重要的造林树种。提高“林木产量”与“林木质量”、培育大规模白桦速生丰产林，是林业产业亟待解决的问题。内源激素的调控对林木植物的生长发育起着非常重要的作用，它们在植物的多方面分别或相互协调地调控植物的生长、发育与分化。植物对外界环境变化的反应常表现在内源激素含量变化上。因此，揭示植物内源激素水平变化规律及其与植物生长和分化的关系，能使人类根据自己的需要来控制植物发育的进程。目前，在分子水平上研究激素合成途径和代谢信号通路已成为植物激素研究领域中的前沿和热点。植物激素的合成和代谢途径，尤其是赤霉素和脱落酸已研究得越来越清楚。东北林业大学林木遗传育种与生物技术实验室通过 Solexa 测序技术，已经构建了白桦茎尖和花芽尖的转录本，获得了 2320 条长度大于 300 bp 的 Unigene 序列。在此基础上，本研究拟优化激素的提取和含量检测方法，检测一个生长周期内白桦内源激素水平的时序变化，克隆并鉴定调控白桦内源激素生物合成和代谢的关键基因，利用实时定量 PCR 技术分析这些基因一个生长期内不同发育时期的时序表达，采用统计学方法分析关键基因的表达与激素水平的关系，以期为解释速生优质林木培育的遗传基础与分子调控机制奠定基础。

2 内源激素提取方法研究

植物生长和发育过程受植物激素的调控。植物激素具有种类多、含量极低、易受温度和光线的破坏等特点，并且在提取时易受杂质的干扰，这给激素的定量分析带来很多困难。目前国际上还没有建立起检测激素含量的标准方法。建立精确、稳定、重复性好而又简便易行的提取和检测方法，一直是植物激素研究领域的热点。本研究以白桦幼树嫩叶为材料，对固相萃取法提取植物激素(GA_3、IAA、ABA、ZT)的提取条件进行筛选，分别对提取溶剂、淋洗剂和洗脱条件进行实验考察，确定了固相萃取法提取植物激素的最佳条件，为建立检测激素的标准方法和研究激素对白桦生长的调节作用提供理论依据。

2.1 材料与方法

2.1.1 材料

2.1.1.1 植物材料

2009 年 7 月 5 日上午 10：00 至下午 13：00 采摘东北林业大学白桦强化种子园(东经 126.36°，北纬 45.44°)自然条件下生长的 4 年生白桦幼树枝端嫩叶 100 g，立即置于液氮中，储存于–80℃冰箱中备用。

2.1.1.2 实验药品

实验中使用的药品和试剂见表 2-1。

表 2-1 实验药品

药品名称	规格	生产厂家
GA_3	色谱用对照品	Sigma 公司
IAA	色谱用对照品	Sigma 公司
ABA	色谱用对照品	Sigma 公司
ZT	色谱用对照品	Sigma 公司
甲醇	色谱纯	Aupos 公司

续表

药品名称	规格	生产厂家
甲醇	分析纯	南京化学试剂股份有限公司
乙酸乙酯	分析纯	南京化学试剂股份有限公司
无水乙醇	分析纯	南京化学试剂股份有限公司
石油醚(30～60)	分析纯	南京化学试剂股份有限公司
乙醇	分析纯	天津市医药公司
丙酮	分析纯	南京化学试剂股份有限公司
正丁醇	分析纯	天津市医药公司
乙酸	分析纯	南京化学试剂股份有限公司
液氮		
去离子水		实验室自制

2.1.1.3 主要实验仪器设备

实验室工作中使用的主要仪器和设备见表 2-2。

表 2-2 实验仪器设备

仪器名称	生产厂家
高效液相色谱系统	
Waters 2695 分离模块	Waters Co. USA
Waters 2996 二极管阵列检测器	Waters Co. USA
Atlantic dC18 液相色谱柱(150 mm×4.6 mm，5 μm)	Waters Co. USA
Empower Pro 色谱操作系统	Waters Co. USA
固相萃取柱(C18 Box 50× 3 ml tubes，200 mg)	SPE-PAK Cartridges, Agilent
真空冻干仪	中山市豪通电器有限公司
电冰箱	合肥美菱股份有限公司
超声振荡清洗仪	昆山市超声仪器有限公司
研钵	巩义市颖辉高铝瓷厂
101 型电热鼓风干燥箱	北京市永光明医疗仪器厂
Centrifuge 5418 小型离心机	上海化工机械厂有限公司
超纯水制备设备	北京盈安美诚科学仪器有限公司
移液器(1000 μl)	Eppendorf
移液器(20～200 μl)	Eppendorf
制冰机	上海因纽特制冷设备有限公司

续表

仪器名称	生产厂家
分析天平	沈阳龙腾电子有限公司
0.45 μm 过滤器	Waters Co. USA
0.22 μm 滤膜	Waters Co. USA
移液管(10 ml)	北京博美玻璃仪器厂
量筒(250 ml)	北京博美玻璃仪器厂
容量瓶(1000 ml)	北京博美玻璃仪器厂
量杯(25 ml)	北京博美玻璃仪器厂
烧杯(500 ml)	北京博美玻璃仪器厂
自动进样瓶	Waters Co. USA
离心管(1.5 ml)	北京博美玻璃仪器厂
离心管(2 ml)	北京博美玻璃仪器厂
离心管(10 ml)	北京博美玻璃仪器厂
离心管(500 ml)	北京博美玻璃仪器厂

2.1.2 方法

2.1.2.1 提取方法

准确称取–80℃冰箱储存的白桦嫩叶 2.0 g(fresh weight, FW)，放在研钵中，快速加入液氮，研磨至极细粉，溶解在 5 ml 冷提取液中，超声波冰浴振荡 30 min，13 000 r·min^{-1}、4℃离心，取上清液；再用 5 ml 提取液提取一次，合并上清液，真空冻干机浓缩至 3 ml，过 SPE-PAK C18 柱，淋洗液淋洗，洗脱液洗脱，浓缩并定容至 2 ml，0.45 μm 的滤器过滤，备用进样。

1) 提取溶剂的选择

分别以甲醇、丙酮、乙醇、乙酸乙酯各 10 ml 为提取液，按 2.1.2.1 提取方法进行提取，检测 4 种激素的含量。

2) 提取液浓度的选择

分别以 100%、80%、60%、40%、20%甲醇为提取液，按 2.1.2.1 提取方法进行提取，检测 4 种激素的含量。

3) 淋洗液的选择

按 2.1.2.1 提取方法进行提取，分别用 0 ml、3 ml、6 ml、9 ml 石油醚进行淋洗，检测 4 种激素的含量。

4) 洗脱液的选择

按 2.1.2.1 提取方法进行提取，以色谱甲醇配制 10%、20%、40%、60%、80%、100%甲醇溶液(含 0.1% 乙酸)各 3 ml，分别洗脱，接取不同洗脱梯度的馏分，蒸干至少于 2 ml，色谱甲醇定容至 2 ml。用 0.45 μm 滤器过滤，待测。

5) 酸化洗脱液的选择

分别用含 0.1%、0.3%、0.5%、1%乙酸的 80%甲醇溶液洗脱，检测 4 种激素的含量。

2.1.2.2 固相萃取方法

1) 固相萃取柱(SPE-PAK Cartridges)的预处理方法

用 3 ml 100%甲醇(分析纯)活化，再用 3 ml 去离子水净化，将样品溶液过柱。

2) 固相萃取工艺

用 3 ml 100%甲醇(分析纯)活化，再用 3 ml 去离子水净化，将样品上样，淋洗液淋洗，洗脱液洗脱，最后接取馏分。

2.1.2.3 激素含量分析方法

色谱系统：Waters 2695 分离系统(带自动进样器)；二极管阵列检测器(Waters 2996 Photodiode Array Detector)；Empower Pro 色谱操作系统。

色谱条件：色谱柱 Atlantic dC18(150 mm×4.6 mm，5 μm)，流动相：A 为甲醇；B 为去离子水(含 0.1%乙酸)。

梯度洗脱：程序按溶剂 A 的比例设定为：[t(min), %A]: (0, 15), (5, 15), (59, 40), (60, 15)。氦气在线脱气，标准样进样延迟 10 min，样品进样延迟 20 min。

波长扫描范围：190～350 nm；柱温 30℃；流速：0.28 ml·min^{-1}。进样量 10 μl。各组分激素完全分离，保留时间合适，峰形好，适于定量分析。

2.1.2.4 数据处理方法

利用色谱操作系统的 Empower Pro 软件及统计软件 Excel 2007 处理数据，进行统计分析和绘图。

2.2 结果与分析

2.2.1 提取溶剂的选择

分别取甲醇、丙酮、乙醇、乙酸乙酯各 10 ml 为提取溶剂，按 2.1.2.1 方法进行提取，淋洗液为 6 ml 石油醚，洗脱液为 3 ml 80%甲醇(含 0.1%乙酸)溶液，收集洗脱馏分，蒸干至少于 2 ml，色谱甲醇定容至 2 ml。用 0.45 μm 滤器过滤，待测。结果表明，4 种溶剂对 4 种激素总的提取量大小顺序为：甲醇＞乙酸乙酯＞丙酮＞乙醇。因此，以甲醇为本实验的提取溶剂(图 2-1)。

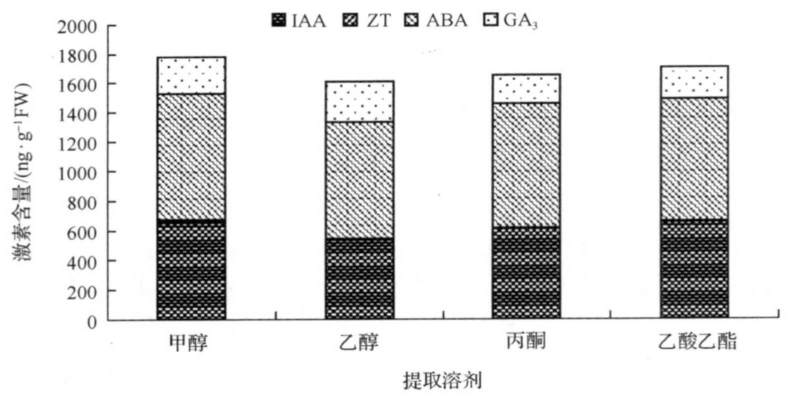

图 2-1 不同溶剂提取的 4 种激素含量

2.2.2 提取溶剂浓度的选择

分别取 100%、80%、60%、40%、20%甲醇、水各 10 ml 为提取液，按 2.1.2.1 方法进行提取，淋洗液为 6 ml 石油醚，洗脱液为 3 ml 80%甲醇(含 0.1%乙酸)溶液，收集洗脱馏分，蒸干至少于 2 ml，色谱甲醇定容至 2 ml。用 0.45 μm 滤器过滤，待测。结果表明，100%、80%的甲醇溶液提取，4 种激素均能检测到；而用 60%、40%、20%甲醇溶液进行提取，检测不到 ZT，因此，只能用 100%、80%的甲醇溶液同时提取 4 种激素。考虑到 80%甲醇溶液较 100%甲醇能节省成本，所以，以 80%甲醇作为本实验的提取溶剂(图 2-2)。

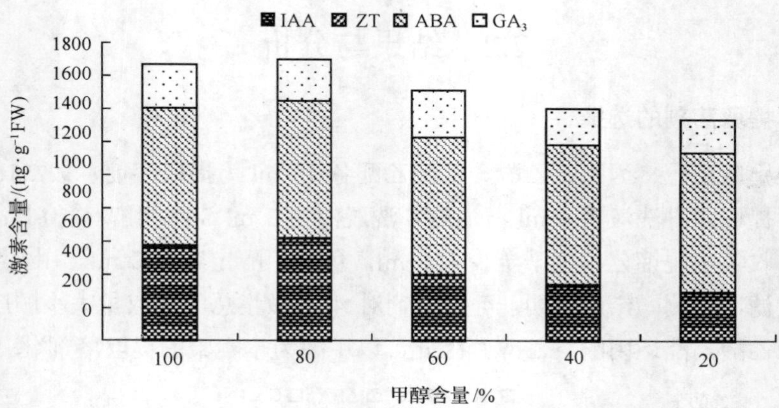

图 2-2　不同浓度甲醇提取的 4 种激素含量

2.2.3　淋洗液的选择

取 80%甲醇(含 0.1%乙酸)10 ml 为提取溶剂，按 2.1.2.1 方法进行提取，分别用 0 ml、3 ml、6 ml、9 ml 石油醚进行淋洗，洗脱液为 3 ml 80%甲醇(含 0.1%乙酸)溶液，收集洗脱馏分，蒸干至少于 2 ml，色谱甲醇定容至 2 ml。用 0.45 μm 滤器过滤，待测。结果表明，不同用量的石油醚淋洗液对白桦嫩叶中激素的提取量影响不大，其 4 种激素的提取量的平均值与不进行淋洗的提取结果相近。所以，本实验去掉淋洗过程(图 2-3)。

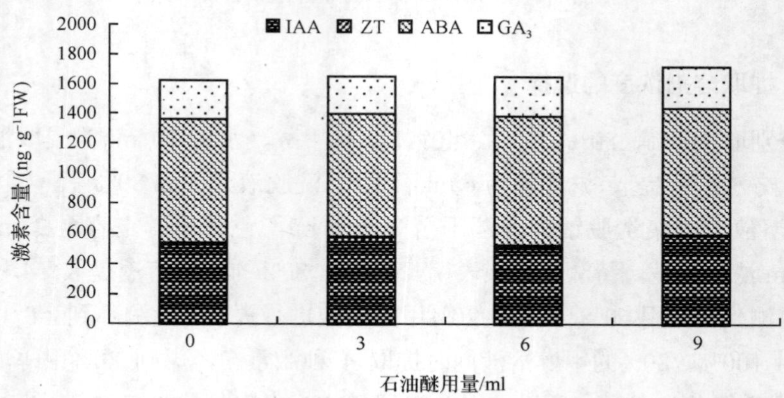

图 2-3　不同量淋洗液提取的 4 种激素含量

2.2.4　洗脱液的选择

取 80%甲醇(含 0.1%乙酸) 10 ml 为提取溶剂，按 2.1.2.1 方法进行提取，去掉淋洗过程，分别取 10%、20%、40%、60%、80%、100%色谱甲醇溶液(含 0.1% 乙酸)各 3 ml，分别进行洗脱，收集洗脱馏分，蒸干至少于 2 ml，色谱甲醇定容至 2 ml。用 0.45 μm 滤器过滤，待测。结果表明，10%、20%、40%、60%的色谱甲醇溶液的提取物中检测不到 ZT，这与实验 2.2.1.2 的结果一致。因此，选用 80%或 100%色谱甲醇溶液(含 0.1% 乙酸)为洗脱剂。同样，考虑到 80%的甲醇溶液能节省成本，所以选用 80%色谱甲醇溶液(含 0.1% 乙酸) 3 ml 作为洗脱液(图 2-4)。

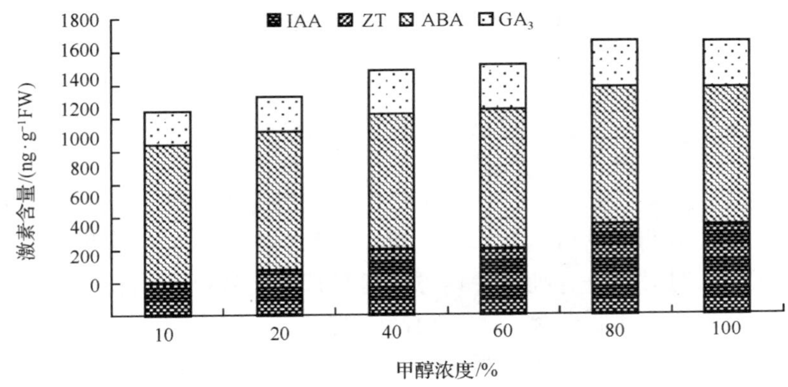

图 2-4　不同浓度甲醇为洗脱液提取的 4 种激素含量

2.2.5　酸化洗脱液的选择

取 80%甲醇(含 0.1% 乙酸) 10 ml 为提取溶剂，按 2.1.2.1 方法进行提取，分别用含 0.1%、0.3%、0.5%、1%乙酸的 80%甲醇溶液洗脱，收集洗脱馏分，蒸干至少于 2 ml，色谱甲醇定容至 2 ml。用 0.45 μm 滤器过滤，待测。结果表明，用含 0.1%、0.3%、0.5%、1%乙酸的 80%甲醇溶液洗脱，提取的白桦内源激素含量大小顺序为 0.1%≥0.3% > 0.5% > 1%，说明用含 0.1%～0.3%乙酸的甲醇洗脱，4 种激素的提取率最大，酸性过大会导致 ZT 的解离。因此，洗脱液以 0.1%乙酸进行酸化(图 2-5)。

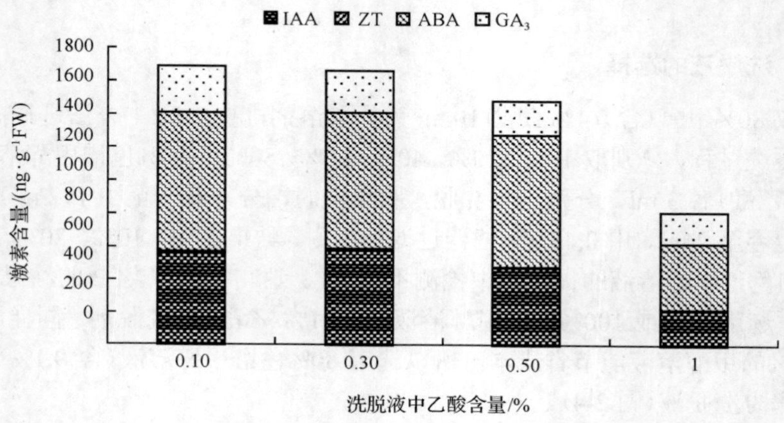

图 2-5　含不同浓度乙酸的洗脱液提取的 4 种激素含量

2.3　讨　　论

植物内源激素含量极低，性质不稳定，同时在植物体内存在复杂的基质干扰，因此在检测植物激素前需要进行提取、分离、纯化和富集。本研究选用固相萃取法对激素进行纯化。该方法对目标物有较高的回收率；能有效地将目标物与干扰物进行分离；不需要超纯溶剂，并且有机溶剂的低消耗能减少对环境的污染；能处理小体积的样品；无相分离操作；容易收集分析物组分；操作简单、省时省力、易于自动化等，是一种很有前途的样品预处理技术(增田芳雄等，1972；Zhang et al.，2008)。所检测的 4 种内源激素均溶于甲醇、丙酮、乙醇、乙酸乙酯等溶剂，但其溶解度各不相同。实验结果表明，4 种溶剂中甲醇对激素总的提取率最高，因此选择甲醇为提取溶剂进一步优化。不同浓度甲醇对激素总的提取率不同，低于 60%的甲醇提取物中检测不到 ZT，并且 80%以上的甲醇对激素总的提取率相近，故选择 80%甲醇为提取溶剂可降低成本。选择不同容量的石油醚为淋洗液对白桦嫩叶中激素的提取量影响不大，其 4 种激素的提取量的平均值与不进行淋洗的提取结果相近，所以本实验去掉淋洗过程。以低于 60%的甲醇为洗脱液，结果中检测不到 ZT，因此选用 80%或 100%色谱甲醇溶液(含 0.1% 乙酸)为洗脱剂。同样，考虑到 80%的甲醇溶液能节省成本，所以选用 80%色谱甲醇溶液(含 0.1% 乙酸) 3 ml 作为洗脱液。洗脱液的酸度对结合到固相萃取柱上的激素的洗脱能力影响较大，尤其是对 ZT，酸性过大会导致 ZT 的解离，最适酸度为含 0.1%～0.3%

乙酸的甲醇溶液，因此，我们选择洗脱液以 0.1%乙酸进行酸化。

2.4 本 章 小 结

本章以白桦幼树嫩叶为材料，对固相萃取法提取植物内源激素(GA_3、IAA、ABA、ZT)的提取条件进行筛选，分别对提取溶剂、淋洗剂和洗脱条件进行考察，得出固相萃取法提取白桦嫩叶内源激素的条件如下：

准确称取储存在–80℃冰箱中的白桦嫩叶样品 2.0 g(FW)，加入液氮用研钵迅速研成细粉，溶解于 5 ml 冷 80%甲醇中，冰浴条件下超声振荡 30 min，离心条件为 13 000 $r\cdot min^{-1}$、4℃，然后取上清；用冷甲醇将残渣再次提取后合并两次获得的上清液，真空冻干浓缩至 3 ml，过 SPE-PAK C_{18} 柱，用含 0.1%乙酸的 80%甲醇为洗脱液洗脱，接取洗脱后的馏分，浓缩并定容至 2 ml，0.45 μm 滤器过滤，备用进样。

3　激素 HPLC-PAD 检测方法建立

植物体内源激素的含量甚微，并且在激素的提取物中存在着许多结构类似物等干扰激素测定的物质，所以从植物提取物中分离、鉴定和定量分析植物激素，对测定技术的选择性和灵敏度要求很高。本研究是在已确定的最优激素提取方法的基础上，进行激素定量 HPLC-PAD（photodiode array detector）分析方法的研究。

本研究以白桦幼树嫩叶为材料，总结前人分析植物激素含量的经验，应用本实验采用的检测系统，确定了 4 种激素的紫外特征吸收波长，并对流动相组成、洗脱方式等色谱条件进行筛选，优化了同时检测白桦内源激素（GA_3、IAA、ABA、ZT）含量的高效液相色谱法，并对确定的方法进行精确度、稳定性、最低检测限、回收等方法学考察。结果表明，该方法精确度、稳定性好，适用于分析植物内源激素含量，为建立检测激素的标准方法和研究激素对白桦生长的调节作用提供理论依据。

3.1　材料与方法

3.1.1　材料

3.1.1.1　植物材料

2009 年 7 月 5 日上午 10：00 至下午 13：00 采摘东北林业大学白桦强化种子园（东经 126.36°，北纬 45.44°）自然条件下生长的 4 年生白桦幼树枝端嫩叶 100 g，立即置于液氮中，储存于–80℃冰箱中备用。

3.1.1.2　实验药品

实验中使用的药品和试剂见表 3-1。

3.1.1.3　主要实验仪器设备

实验室工作中使用的主要仪器和设备见表 3-2。

表 3-1　实验药品

药品名称	规格	生产厂家
GA_3	色谱用对照品	Sigma 公司
IAA	色谱用对照品	Sigma 公司
ABA	色谱用对照品	Sigma 公司
ZT	色谱用对照品	Sigma 公司
甲醇	色谱纯	Aupos 公司
甲醇	分析纯	南京化学试剂股份有限公司
乙酸乙酯	分析纯	南京化学试剂股份有限公司
无水乙醇	分析纯	南京化学试剂股份有限公司
石油醚（30～60）	分析纯	南京化学试剂股份有限公司
乙醇	分析纯	天津市医药公司
丙酮	分析纯	南京化学试剂股份有限公司
正丁醇	分析纯	天津市医药公司
乙酸	分析纯	南京化学试剂股份有限公司
液氮		
去离子水		实验室自制备

表 3-2　实验仪器设备

仪器名称	生产厂家
高效液相色谱系统	
Waters 2695 分离模块	Waters Co. USA
Waters 2996 二极管阵列检测器	Waters Co. USA
Atlantic dC18 液相色谱柱（150 mm×4 mm，5 μm）	Waters Co. USA
Empower Pro 色谱操作系统	Waters Co. USA
固相萃取柱（C18 Box 50× 3 ml tubes，200 mg）	SPE-PAK Cartridges, Agilent
真空冻干仪	中山市豪通电器有限公司
电冰箱	合肥美菱股份有限公司
超声振荡清洗仪	昆山市超声仪器有限公司
研钵	巩义市颖辉高铝瓷厂
101 型电热鼓风干燥箱	北京市永光明医疗仪器厂
Centrifuge 5418 小型离心机	上海化工机械厂有限公司
超纯水制备设备	北京盈安美诚科学仪器有限公司
移液器（1000 μl）	Eppendorf
移液器（20～200 μl）	Eppendorf

续表

仪器名称	生产厂家
制冰机	上海因纽特制冷设备有限公司
分析天平	沈阳龙腾电子有限公司
0.45 μm 过滤器	Waters Co. USA
0.22 μm 滤膜	Waters Co. USA
移液管(10 ml)	北京博美玻璃仪器厂
量筒(250 ml)	北京博美玻璃仪器厂
容量瓶(1000 ml)	北京博美玻璃仪器厂
量杯(25 ml)	北京博美玻璃仪器厂
烧杯(500 ml)	北京博美玻璃仪器厂
自动进样瓶	Waters Co. USA
离心管(1.5 ml)	北京博美玻璃仪器厂
离心管(2 ml)	北京博美玻璃仪器厂
离心管(10 ml)	北京博美玻璃仪器厂
离心管(500 ml)	北京博美玻璃仪器厂

3.1.2 HPLC-PAD 检测方法

3.1.2.1 提取方法

准确称取储存在–80℃冰箱中的白桦叶样品 2.0 g(FW)，加入液氮用研钵迅速研成细粉，溶解于 5 ml 冷 80%甲醇中，冰浴条件下超声振荡 30 min，离心条件为 13 000 $r\cdot min^{-1}$、4℃，然后取上清；用冷甲醇将残渣再次提取后合并两次获得上清液，真空冻干浓缩至 3 ml，过 SPE-PAK C_{18} 柱，用含 0.1%乙酸的 80%甲醇为洗脱液洗脱，接取洗脱后的馏分，浓缩并定容至 2 ml，0.45 μm 的滤器过滤，备用进样。

3.1.2.2 色谱条件

色谱系统：Waters 2695 分离系统(带自动进样器)；二极管阵列检测器；Empower Pro 色谱操作系统。Waters 公司的 Atlantic dC18 液相色谱柱(150 mm×4 mm，5 μm)。

洗脱方式：梯度洗脱，采用氦气在线脱气，标准品进样延迟 10 min，样品进样延迟 20 min。

波长扫描范围：190～350 nm；柱温 30℃；进样量 10 μl。

3.1.2.3 标准曲线

依据测定的对照品获得标准曲线的线性关系，各标准曲线均包括 10 个梯度浓度的工作液，峰面积积分为 3 次生物学重复进样测得的平均值。信号高度为噪声 3 倍时，对应的标准品浓度定为样品检出限(limit of detection, LOD)；信号高度为噪声 10 倍时，对应的标准品浓度定为定量限(limit of quantitation, LOQ)。

1) 单标储备液的配制

精确量取 ZT 2.000 mg，用甲醇稀释 100 倍，配制成 20 $\mu g \cdot ml^{-1}$ 的对照品储备液①，备用。

精确量取 GA_3 3.200 mg，用甲醇稀释 10 倍，配制成 320 $\mu g \cdot ml^{-1}$ 的对照品储备液①，备用。

精确量取 IAA 2.600 mg，用甲醇稀释 100 倍，配制成 26 $\mu g \cdot ml^{-1}$ 的对照品储备液①，备用。

精确量取 ABA 1.200 mg，用甲醇稀释 100 倍，配制成 12 $\mu g \cdot ml^{-1}$ 的对照品储备液①，备用。

2) 混标储备液的配制

取 ZT① 1.5 ml、$GA_3$① 3 ml、IAA① 2 ml 及 ABA① 2 ml 分别用甲醇定容至 10 ml 的容量瓶中，充分混匀，备用。

3) 标准工作液的配制

分别取 10 ml、4 ml、2 ml、1 ml、0.75 ml、0.5 ml、0.4 ml、0.2 ml、0.1 ml 和 0.05 ml 的混合对照品储备液，定容至 10 ml，充分摇匀，配制成含有不同浓度的 4 种激素的标准工作液 H_1、H_2、H_3、H_4、H_5、H_6、H_7、H_8、H_9 和 H_{10}，其中各种激素的浓度见表 3-3，备用。

表 3-3 标准工作液中不同激素含量表 （单位：$ng \cdot ml^{-1}$）

	H_1	H_2	H_3	H_4	H_5	H_6	H_7	H_8	H_9	H_{10}
ZT	1 200	480	240	120	80	60	48	24	12	6
GA_3	38 400	15 360	7 680	3 840	2 560	1 920	1 536	766	384	192
IAA	2 080	832	416	208	138.7	104	83.2	41.6	20.8	10.4
ABA	960	384	192	96	64	48	38.4	19.2	9.6	4.8

3.1.2.4　流动相的选择

分别用 100%、80%、60%、40%、20%的甲醇水为流动相，等度洗脱，流速 0.28 ml·min^{-1}，检测 4 种激素的分离状况。

3.1.2.5　洗脱方式的选择

分别用 40%甲醇(含 0.1% 乙酸)和 15%～40%的甲醇(均含 0.1% 乙酸)为流动相，分别进行等度和梯度洗脱。检测 4 种激素的分离状况，并用该方法检测样品。

3.1.3　HPLC-PAD 检测方法学验证

3.1.3.1　精确度

精密吸取 4 种激素的标准工作液 H_1 10 μl，连续进样 5 次，记录峰面积。

3.1.3.2　稳定性

精密吸取 4 种激素的标准工作液 H_1 10 μl，于标准品配制后 0 h、4 h、8 h、12 h、16 h、20 h、24 h、28 h、32 h、36 h、40 h、44 h 和 48 h 分别进样，记录其峰面积。

3.1.3.3　回收率

在白桦叶片样品中加入标准品进行回收率的测定。1.0 g 白桦样品中分别加入已知量的 ZT、GA_3、IAA、ABA 对照品，用 2.3 所示的提取方法进行样品制备和测定，重复 5 次，计算回收率。

3.1.4　数据处理方法

利用色谱操作系统的 Empower Pro 软件及统计软件 Excel 2007 处理数据，进行统计分析和绘图。

3.2　结果与分析

3.2.1　四种激素的紫外特征吸收

在 3.1.2.2 所示的色谱系统环境下，检测的 4 种激素紫外吸收图谱，见

图 3-1～图 3-5。

由图 3-1～图 3-5 可见，4 种激素分别在不同波长处产生紫外特征吸收：玉米素 208.5 nm、273.4 nm(图 3-1)，赤霉素 194.4 nm、253.2 nm(图 3-2)，

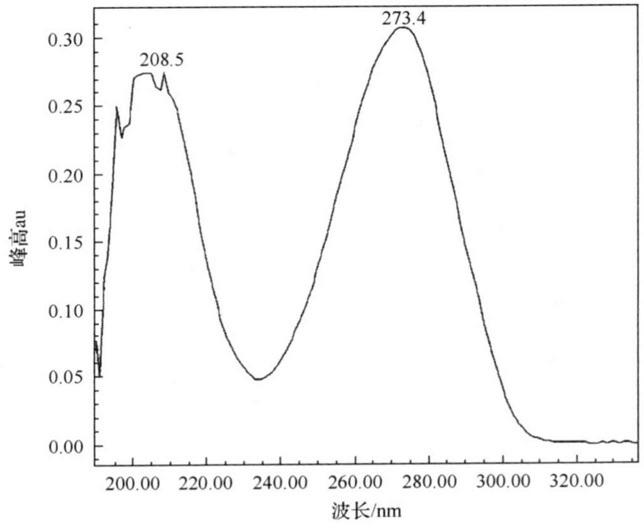

图 3-1　ZT 的紫外吸收

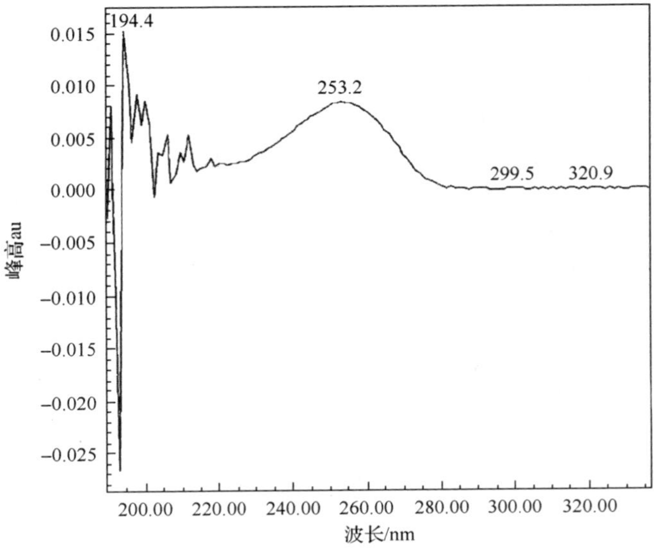

图 3-2　GA_3 的紫外吸收

吲哚乙酸 220.2 nm、280.5 nm（图 3-3），脱落酸 192.1 nm、262.7 nm（图 3-4）。由于 4 种激素同时进样，溶剂峰的干扰及短波长处吸收峰杂（图 3-5），所以本

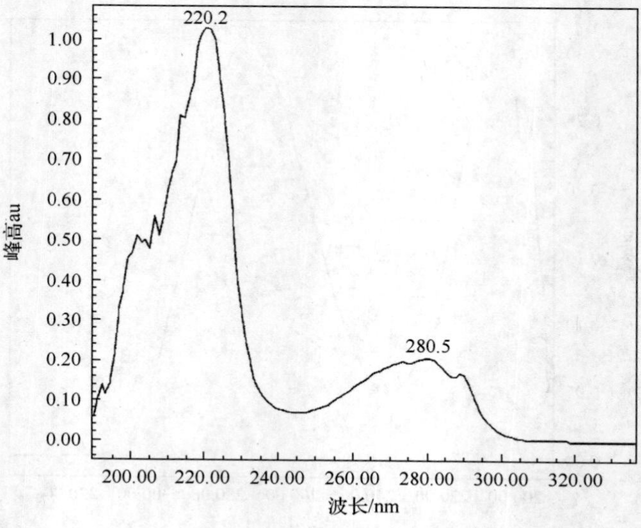

图 3-3　IAA 的紫外吸收

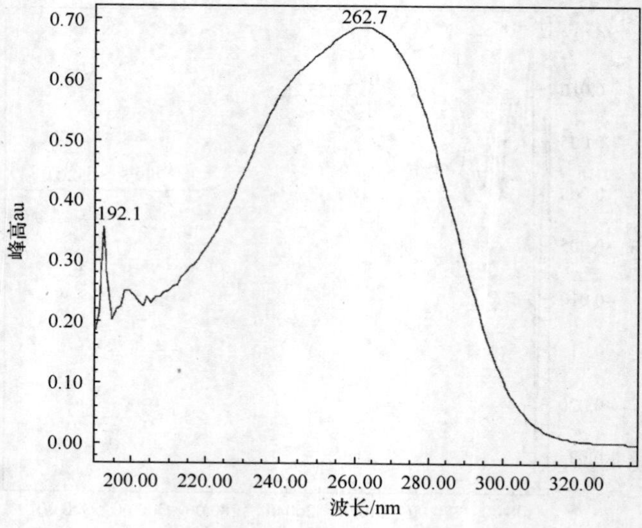

图 3-4　ABA 的紫外吸收

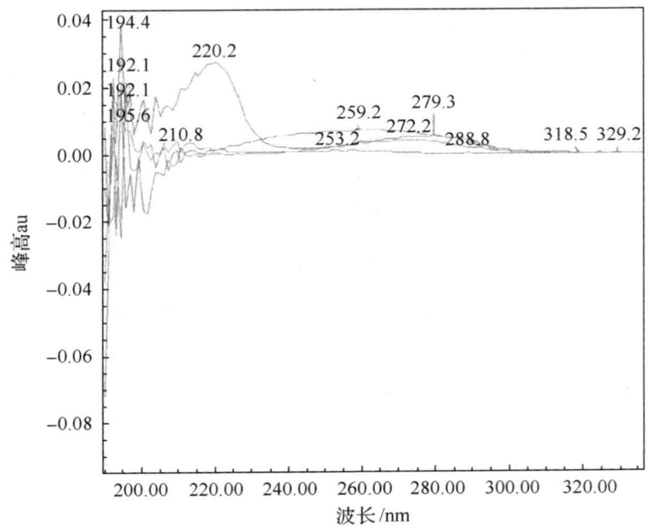

图 3-5 4 种激素同时进样的紫外吸收

实验分别以 273 nm、253 nm、280 nm 和 262 nm 波长处各激素的紫外吸收作为各种激素的特征检测波长。

3.2.2 HPLC-PAD 方法建立

3.2.2.1 流动项的选择

分别用 100%、80%、60%、40%、20%的甲醇水为流动相，等度洗脱，流速 0.28 ml·min^{-1}，检测 4 种激素的分离状况。结果表明，含 80%以上甲醇的流动相不能使 4 种激素的色谱峰达到完全分离，而含 80%以下甲醇的流动相均可使 4 种激素的色谱峰达到完全分离。但随着甲醇含量的降低，各种物质的保留时间延长。

3.2.2.2 洗脱方式的选择

1) 等度洗脱

综合保留时间、经济费用等因素，确定色谱条件为：以 40%甲醇水溶液(含 0.1% 乙酸，流动相呈弱酸性可使酸性激素易于与吸附剂解离)为流动相，检测时间 43 min。检测 4 种激素的色谱图见图 3-6～图 3-10。

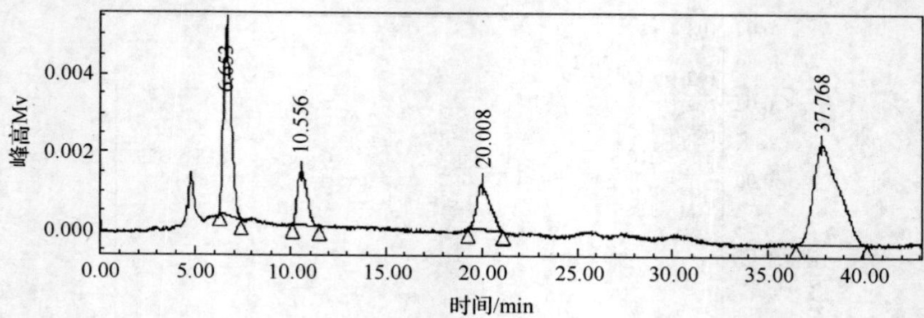

图 3-6　4 种激素同时检测色谱图(等度洗脱)

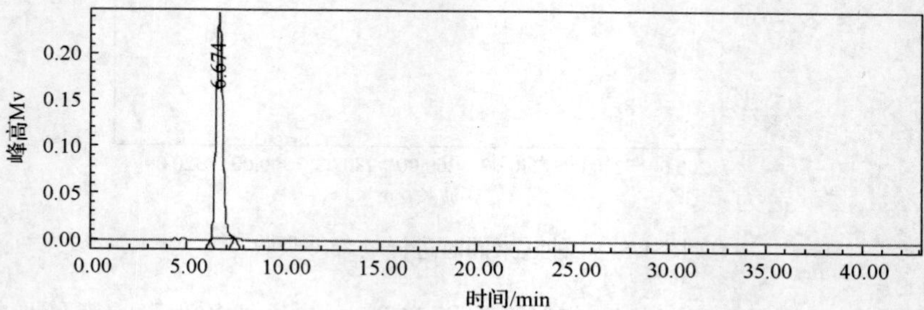

图 3-7　检测 ZT 的色谱图(等度洗脱)

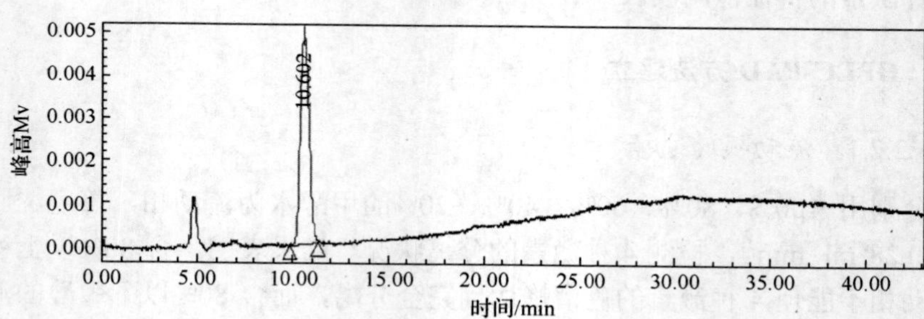

图 3-8　检测 GA_3 的色谱图(等度洗脱)

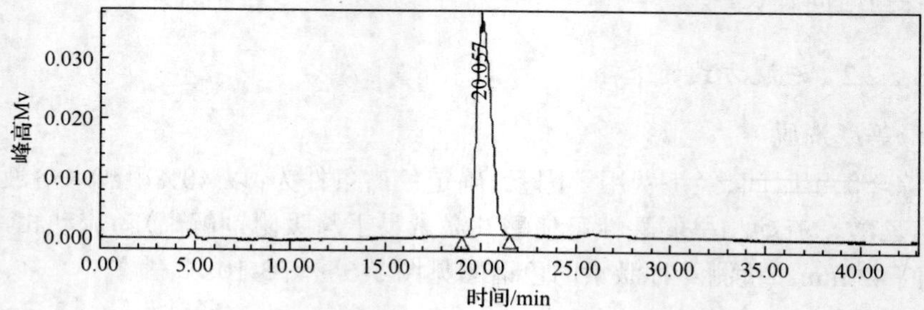

图 3-9　检测 IAA 的色谱图(等度洗脱)

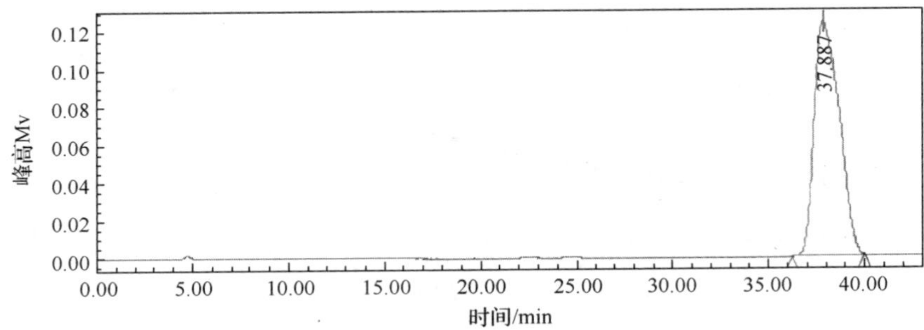

图 3-10　检测 ABA 的色谱图(等度洗脱)

2) 梯度洗脱

在与等度洗脱相同的色谱条件下，以 A、B 两通道在线组合流动相。流动相 A：甲醇；流动相 B：去离子水(含 0.1% 乙酸)。梯度洗脱：程序按溶剂 A 的比例设定为：0～5 min，15% (A)；5～59 min，40 % (A)；59～60 min，15%(A)。氦气在线脱气，标准样进样延迟 10 min，样品进样延迟 20 min。检测四种激素的色谱图见图 3-11～图 3-15。

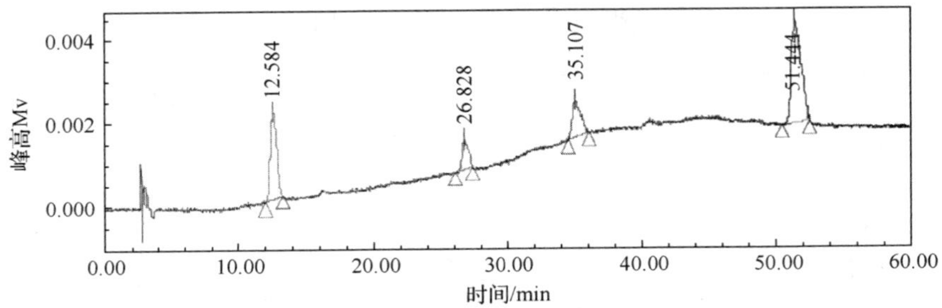

图 3-11　4 种激素同时检测色谱图

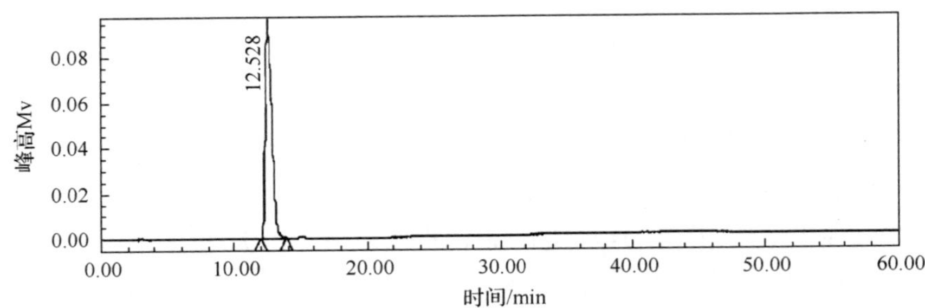

图 3-12　检测 ZT 的色谱图

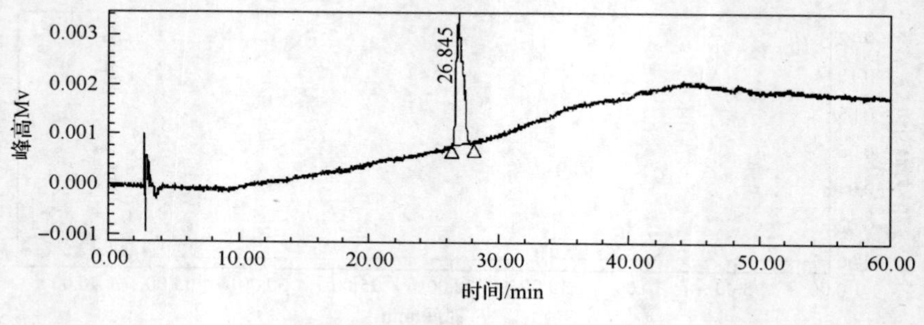

图 3-13　检测 GA_3 的色谱图

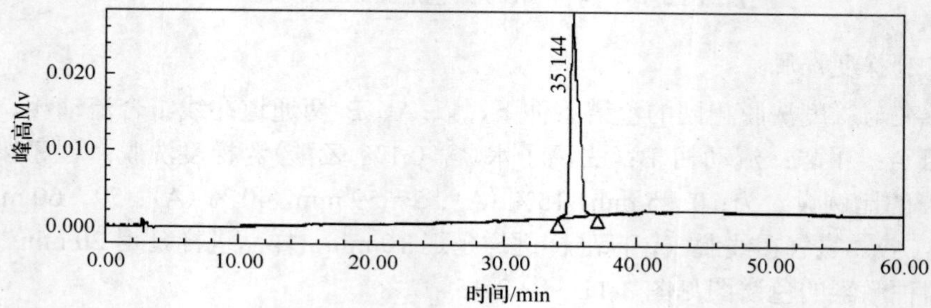

图 3-14　检测 IAA 的色谱图

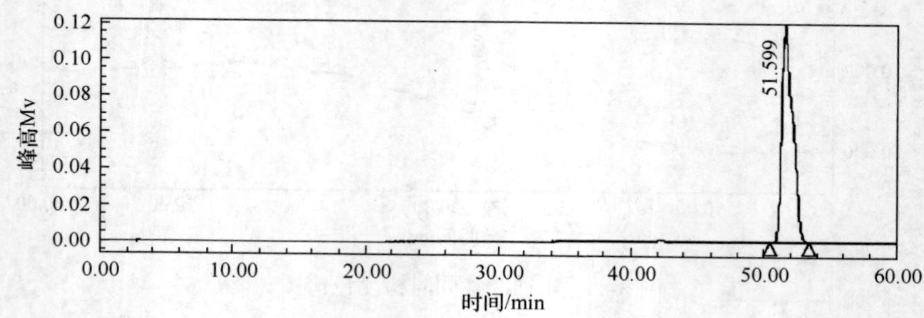

图 3-15　检测 ABA 的色谱图

3.2.2.3　检测样品

分别采用等度洗脱和梯度洗脱方式检测白桦嫩叶的提取物。用等度洗脱方式检测结果表明，用此方法检测样品，提取液中的物质分离效果不好，杂质及溶剂峰干扰极大，紫外吸收强，尤其干扰保留时间短的物质的检测(图 3-16)。而采用梯度洗脱方式，用较慢的流动相流速、较长的检测时间，可以使提取液中不同极性的物质充分分离而达到检测微量目标物质的目的。由图 3-17 和

图 3-18 可见，溶剂峰干扰相对较小，故本实验的流动相选择梯度洗脱方式。

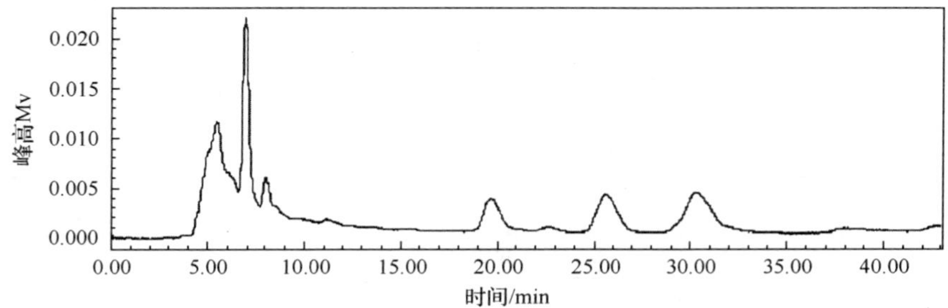

图 3-16　检测样品的色谱图（等度洗脱）

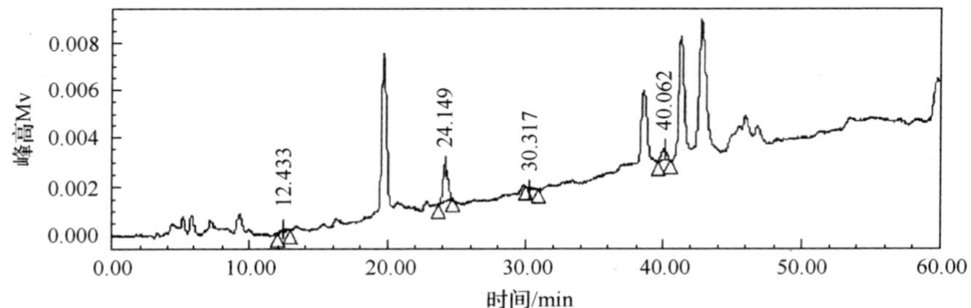

图 3-17　检测样品的色谱图（梯度洗脱）（254 nm 处的吸收峰）

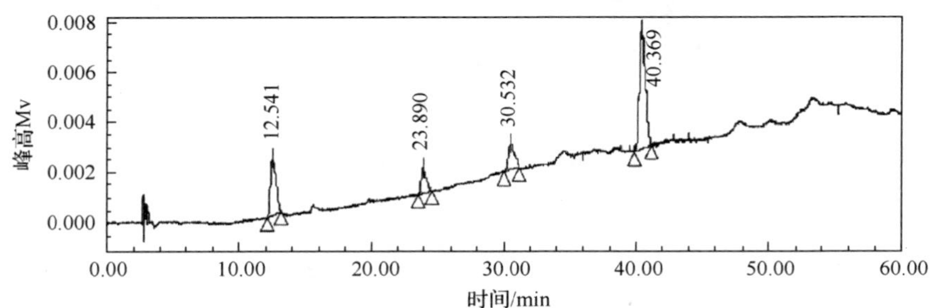

图 3-18　同等进样条件下的标准品色谱图（254 nm 处的吸收峰）

3.2.2.4　标准曲线图绘制

取 3.1.2.3 配制的对照品溶液，依照 3.1.2.5 梯度洗脱方法进行检测，结果如图 3-19～图 3-22 所示。标准曲线方程、相关系数、最低检测限、检测范围见表 3-4。依据获得的标准曲线线性方程来计算样品中各种激素的含量。

$$M_{激素} = (C_{激素} \cdot V_{激素}) / W_{样品}$$

式中，$M_{激素}$为样品中激素的量，单位 ng·g^{-1} FW；$C_{激素}$为样品中激素的浓度，单位 ng·ml^{-1}；$V_{激素}$为样品的体积，单位 ml；$W_{样品}$为样品的鲜重，单位 g。

表 3-4　4 种激素的回归数据、检出限及定量限

激素	标准曲线方程	R^2	最低检测限/(ng·ml^{-1})(信噪比 3：1)	最低定量限/(ng·ml^{-1})(信噪比 10：1)	检测范围/(ng·ml^{-1})
ZT	y=85.00x +1070	0.996	6	25.8	25.8～1200
GA_3	y=0.939x +1813	0.991	50.5	192	192～38400
IAA	y=31.30x +1264	0.993	10.4	42.6	42.6～2080
ABA	y=178.4x +3680	0.998	4.8	18.72	18.72～9600

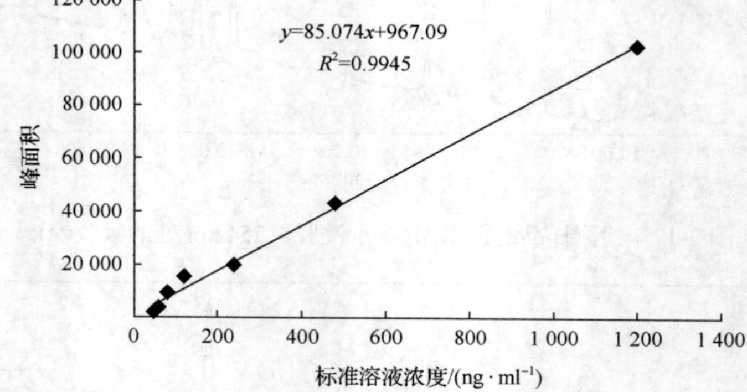

图 3-19　ZT 的标准曲线图

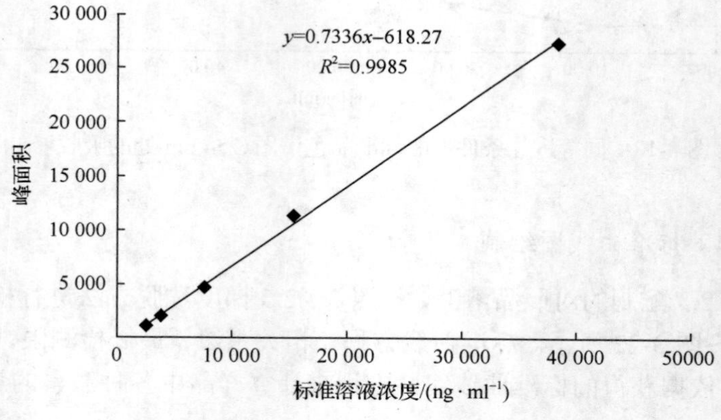

图 3-20　GA_3 的标准曲线图

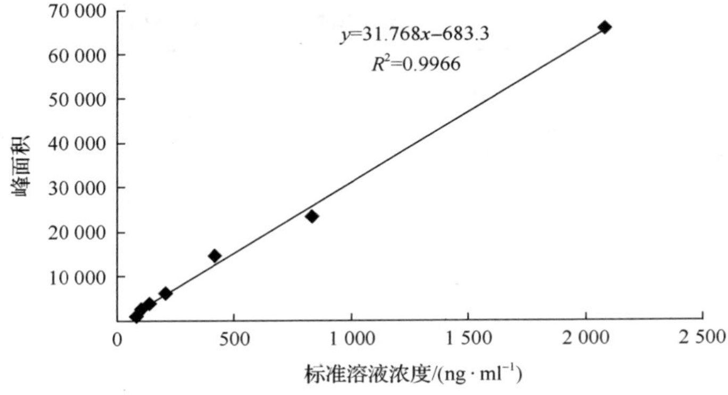

图 3-21 IAA 的标准曲线图

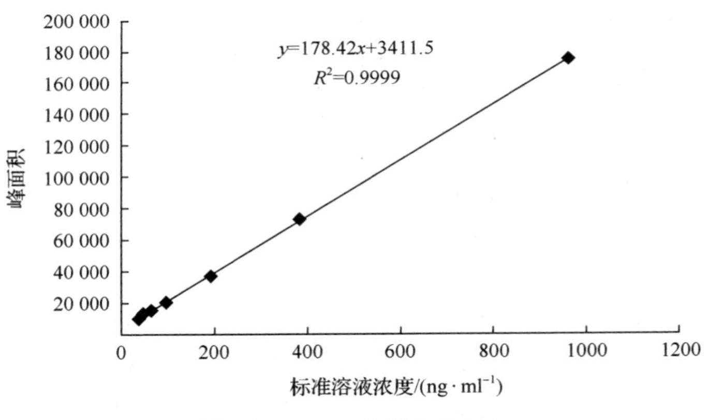

图 3-22 ABA 的标准曲线图

3.2.2.5 方法学验证

1) 精确度

精密吸取 4 种激素的标准工作液 H_1 10 μl，连续进样 5 次，记录峰面积积分值，结果见表 3-5。结果表明，4 种激素的 5 次进样峰面积积分值的相对标准偏差≤5%，该方法的进样精确度符合要求。

2) 稳定性

精密吸取 4 种激素的标准工作液 H_1 10 μl，于标准品配制后 0 h、4 h、8 h、12 h、16 h、20 h、24 h、28 h、32 h、36 h、40 h、44 h 和 48 h 分别进样，记录其峰面积。结果表明，4 种激素的溶液在 48 h 内进样的峰面积积分值的相对标准偏差≤5%，说明该方法的样品稳定性符合要求（表 3-6）。

表 3-5　连续进样 5 次 4 种激素峰面积积分值

进样次数及统计项目 \ 激素	吸光度			
	ZT	GA_3	IAA	ABA
第 1 次	100 849	25 916	72 662	172 282
第 2 次	102 961	27 581	63 699	175 611
第 3 次	103 259	25 499	68 162	173 999
第 4 次	102 887	25 697	67 016	173 257
第 5 次	102 496	27 334	65 865	174 666
标准偏差	957	976	3 333	1 278
平均值	102 490	26 405	67 481	173 963
相对标准偏差	0.93%	3.70%	4.94%	0.73%

表 3-6　稳定性实验 4 种激素峰面积积分值

进样时间及统计项目 \ 激素	吸光度			
	ZT	GA_3	IAA	ABA
配制后 0 h	100 849	25 916	72 662	172 282
配制后 4 h	102 496	27 334	65 865	174 666
配制后 8 h	102 647	28 605	65 821	174 640
配制后 12 h	102 124	27 414	66 389	174 010
配制后 16 h	102 370	28 274	65 495	173 955
配制后 20 h	102 628	27 732	60 117	173 675
配制后 24 h	103 346	27 949	64 701	175 506
配制后 28 h	103 112	29 794	65 220	176 886
配制后 32 h	104 221	29 975	66 804	179 906
配制后 36 h	103 620	30 379	65 600	175 460
配制后 40 h	102 568	27 772	64 167	177 596
配制后 44 h	108 307	28 253	64 330	174 917
配制后 48 h	106 230	29 526	65 764	176 935
标准偏差	1 931	1 258	2 689	1 995
平均值	1 034 245	28 379	65 610	175 418
相对标准偏差	1.87%	4.43%	4.10%	1.14%

3) 回收率

在白桦叶片样品中加入标准品检测回收率。1.0 g 白桦样品中分别加入已知量的 ZT、GA_3、IAA、ABA 对照品，用 2.3 所示的提取方法进行样品制备和测定，重复 5 次，计算回收率。结果见表 3-7。

表 3-7 重复提取 5 次 4 种激素回收率

提取次序＼激素	ZT		GA_3		IAA		ABA	
	峰面积	回收率/%	峰面积	回收率/%	峰面积	回收率/%	峰面积	回收率/%
第 1 次	91 859	89.56	23 086	83.13	72 502	112.99	182 081	102.53
第 2 次	112 071	109.27	32 584	117.33	61 639	96.06	195 416	110.03
第 3 次	114 202	118.17	22 417	80.72	68 162	106.23	163 919	92.30
第 4 次	110 178	87.92	30 697	110.53	67 016	104.44	159 242	89.67
第 5 次	92 956	85.75	24 334	87.62	69 865	108.88	164 616	92.69
H_1	102 568		27 772		64 167		177 596	
回收率均值（n=5）	98.133		95.865		105.719		97.443	

3.3 讨 论

植物含有复杂的化学成分，建立高灵敏度、高准确性和高效的检测植物成分的方法能更有效和安全地利用植物资源。根据实验室设备条件，有气相色谱（GC）、薄层色谱（TLC）、高效液相色谱串联紫外检测器（HPLC-UV）和高效液相色谱串联二极管阵列检测器（HPLC-PAD）等多种检测的方法被用于激素含量分析。尽管这些方法存在灵敏度较低、分析所用时间略长、重现性差或者杂质干扰大等缺点，但也不失作为一种检测激素含量的方法。

本实验以白桦幼树嫩叶为材料，优化了激素含量的 HPLC-PAD 检测方法。HPLC-PAD 法要求对被检测物质进行纯化，以最大限度地减少杂质对待检测物质的干扰。该方法耗时长，对被检测物质处理程序多会加大相对误差，该条件下只能同时检测 4 种激素。

3.4 本 章 小 结

本章在前期工作的基础上，优化了同时检测植物内源激素（GA_3、IAA、ABA、ZT）的 HPLC-PAD 方法，并对该方法进行了方法学验证。确定的色谱条件如下：

流动相由甲醇（A）和 0.1%（*V*/*V*）乙酸水溶液（B）二相组成，梯度洗脱设为：0～5 min，15%（A）；5～59 min，40%（A）；59～60 min，15%（A）；波长扫描范围：190～350 nm；色谱柱柱温 30℃；流速：0.28 ml · min^{-1}。进样量 10 μl。氦气在线脱气，标准样进样延迟 10 min，样品进样延迟 20 min。

4 激素含量 LC-MS/MS 检测方法建立

植物体内的内源激素含量甚微，若想达到理想的分析要求，必须建立高准确性、高灵敏度和高效的检测方法。液相色谱串联质谱(LC-MS/MS)技术是 20 世纪 90 年代发展起来的。此技术以高效液相色谱系统作为分离成分的手段，用质谱仪作为检测器来综合分析，将 HPLC 的高分离能力与质谱的高灵敏度、高特异性结合在一起。极性、非挥发性及大分子化合物都能被液相色谱系统直接分离，分析范围广，并且化合物不需要衍生化反应；同时，LC-MS/MS 还能给出一定分析对象的结构信息，分析耗时短、操作方便，具有许多分析技术无法比拟的优点。目前，LC-MS 联用技术在生物、医学及药物分析等成分分析领域逐渐取代了 GC-MS。

本章在前期工作的基础上，优化了定性、定量分析植物激素的 LC-MS/MS 方法，使其具有灵敏、高效和准确性。本方法对分析物的提取方法简单，适用于植物中激素类成分的定性定量分析。

4.1 材料与方法

4.1.1 材料

4.1.1.1 植物材料

2009 年 7 月 5 日上午 10：00 至下午 13：00 采摘东北林业大学白桦强化种子园(东经 126.36°，北纬 45.44°)自然条件下生长的 4 年生白桦幼树枝端嫩叶 100 g，立即置于液氮中，储存于–80℃冰箱中备用。

4.1.1.2 实验药品

实验中使用的药品和试剂见表 4-1。

4.1.1.3 主要实验仪器设备

实验室工作中使用的主要仪器和设备见表 4-2。

表 4-1 实验药品

药品名称	规格	生产厂家
GA_3	色谱用对照品	Sigma 公司
IAA	色谱用对照品	Sigma 公司
ABA	色谱用对照品	Sigma 公司
ZT	色谱用对照品	Sigma 公司
4-(3-indolyl) butyric acid，IBA	色谱用对照品	Sigma 公司
甲醇	色谱纯	Aupos 公司
甲醇	分析纯	南京化学试剂股份有限公司
乙酸乙酯	分析纯	南京化学试剂股份有限公司
无水乙醇	分析纯	南京化学试剂股份有限公司
石油醚(30～60)	分析纯	南京化学试剂股份有限公司
乙醇	分析纯	天津市医药公司
丙酮	分析纯	南京化学试剂股份有限公司
正丁醇	分析纯	天津市医药公司
乙酸	分析纯	南京化学试剂股份有限公司
液氮		
去离子水		实验室自制备

表 4-2 实验仪器设备

仪器名称	生产厂家
高效液相色谱系统	
Waters 2695 分离模块	Waters Co. USA
Waters 2996 二极管阵列监测器	Waters Co. USA
Atlantic dC18 液相色谱柱(150 mm×4 mm，5 μm)	Waters Co. USA
Empower Pro 色谱操作系统	Waters Co. USA
固相萃取柱(C_{18} Box 50× 3 ml tubes，200 mg)	SPE-PAK Cartridges, Agilent
真空冻干仪	中山市豪通电器有限公司
电冰箱	合肥美菱股份有限公司
超声振荡清洗仪	昆山市超声仪器有限公司
研钵	巩义市颖辉高铝瓷厂
101 型电热鼓风干燥箱	北京市永光明医疗仪器厂

续表

仪器名称	生产厂家
Centrifuge 5418 小型离心机	上海化工机械厂有限公司
超纯水制备设备	北京盈安美诚科学仪器有限公司
移液器(1000 μl)	Eppendorf
移液器(20～200 μl)	Eppendorf
制冰机	上海因纽特制冷设备有限公司
分析天平	沈阳龙腾电子有限公司
0.45 μm 过滤器	Waters Co. USA
0.22 μm 滤膜	Waters Co. USA
移液管(10 ml)	北京博美玻璃仪器厂
量筒(250 ml)	北京博美玻璃仪器厂
容量瓶(1000 ml)	北京博美玻璃仪器厂
量杯(25 ml)	北京博美玻璃仪器厂
烧杯(500 ml)	北京博美玻璃仪器厂
自动进样瓶	Waters Co. USA
离心管(1.5 ml)	北京博美玻璃仪器厂
离心管(2 ml)	北京博美玻璃仪器厂
离心管(10 ml)	北京博美玻璃仪器厂
离心管(500 ml)	北京博美玻璃仪器厂

4.1.2 LC-MS/MS 检测方法

4.1.2.1 提取方法

采用 Pan 等(2008)的激素提取方法并稍有改动，提取溶剂为 100%甲醇。精确称取样品 1.000 g(FW)，迅速置于液氮中研磨成细粉，在 0～4℃用 3 ml 100%甲醇溶液提取,提取液中加入50 ng·ml^{-1}内标物(internal standard substance，IS)，即 IBA，涡旋振荡 10 min，12 000 r·min、4℃离心 10 min，收集上清液，残渣用 2 ml 甲醇按上法再次提取，两次获得的上清液合并后用氮吹仪浓缩为 1 ml，置冰箱中放置 24 h，12 000 r·min、4℃离心 10 min 后收集上清液，再次定容至 1.0 ml，0.45 μm 过滤后备用。

4.1.2.2 LC-MS/MS 条件

色谱条件：流动相的流速为 1 ml·min^{-1}；色谱柱柱温为 25℃；进样量为 10 μl；样品间的进样延迟为 5 min。流动相由甲醇(A)和加入 0.1%(*V/V*)乙酸的水溶液(B)二相组成，梯度洗脱条件设为：0～5 min，45%(A)；5～10 min，65%(A)；10～15 min，65%(A)；15～16 min，45 %(A)；16～20 min，45%(A)。

质谱条件：采用 API3000 三重四极杆质谱仪检测，操作模式为负离子模式，由注入仪器中的对照品溶液获得 5 种激素的二级质谱谱图。电喷雾离子源(ESI)条件如下：雾化气(nebulize gas，NEB)、气帘气(curtain gas，CUR)分别为 10 psi 和 12 psi；电喷雾电压(ionspray voltage，IS)为–4500 V；离子源温度设为 300℃；聚焦电压(focal potential，FP)和碰撞室入口电压(entrance potential，EP)分别为–375 V 和–10 V。其他检测 5 种激素成分的 CID-MS/MS 参数包括去簇电压(declustering potential，DP)、碰撞能量(collision energy，CE)和碰撞室出口电压(collision export potential，CXP)。分别优化所有化合物的分析条件，结果见表 4-3。Analyst software(1.4 版本)用来进行数据处理。

表 4-3 优化的激素检测 MS/MS 参数

	GA_3	ABA	IAA	ZT	GA_4	IS
MRM	345.2→239.0	263.2→153.0	174.1→130.0	218.2→133.9	331.3→257.2	202.2→116.0
DP/V	–40	–90	–75	–80	–80	–105
CE/V	–25	–18	–16	–25	–35	–25
CXP/V	–8	–8	–7	–6	–6	–6

注：MRM，多反应监测模式(multiple reaction monitoring mode)；DP，去簇电压(declustering potential)；CXP，碰撞室出口电压(collision export potential)；CE，碰撞能量(collision energy)。

4.1.2.3 标准品溶液制备

依据检测的对照品获得标准曲线的线性关系，各标准曲线均包括 10 个梯度浓度的工作液，峰面积积分为 3 次生物学重复进样测得的平均值。信号高度为噪声 3 倍时对应的标准品浓度定为样品检出限(limit of detection, LOD)；信号高度为噪声 10 倍时对应的标准品浓度定为定量限(limit of quantitation, LOQ)。

1)单标储备液的配制

精确量取 ZT 2.10 mg，用甲醇稀释 100 倍，配制成 210 μg·ml^{-1} 的对照品

储备液备用。

精确量取 IAA 2.40 mg，用甲醇稀释 100 倍，配制成 240 μg·ml^{-1} 的对照品储备液备用。

精确量取 ABA 1.90 mg，用甲醇稀释 100 倍，配制成 190 μg·ml^{-1} 的对照品储备液备用。

精确量取 GA_3 2.20 mg，用甲醇稀释 10 倍，配制成 220 μg·ml^{-1} 的对照品储备液备用。

精确量取 GA_4 2.00 mg，用甲醇稀释 10 倍，配制成 200 μg·ml^{-1} 的对照品储备液备用。

2) 内标物母液的配制

精确称量内标物(internal standard, IS)吲哚丁酸 10.50 mg，用 10 ml 甲醇溶解配为 1050 μg·ml^{-1} 的对照品储备液①，备用。

3) 标准工作液的配制

用配好的 ZT、IAA、ABA、GA_3、GA_4 和 IS 母液分别配制成表 4-4 所示浓度的检测上样工作液，备用。

表 4-4 标准上样液浓度梯度表

工作液序号 / 标准物质	1	2	3	4	5	6	7	8	9
IAA/(ng·ml^{-1})	24 000	4 800	960	142	38.4	7.68	1.536	0.307 2	0.061 4
ABA/(ng·ml^{-1})	19 000	3 800	760	152	30.4	6.08	1.216	0.243 2	0.048 6
ZT/(ng·ml^{-1})	21 000	4 200	840	168	33.6	6.72	1.344	0.268 8	0.053 8
GA_3/(ng·ml^{-1})	22 000	4 400	880	176	35.2	7.04	1.408	0.281 6	0.056 3
GA_4/(ng·ml^{-1})	20 000	4 000	800	160	32	6.4	1.28	0.256	0.051 2
IS/(ng·ml^{-1})	52.5	52.5	52.5	52.5	52.5	52.5	52.5	52.5	52.5

4.1.3 LC-MS/MS 检测方法学验证

4.1.3.1 精确度

精密吸取 5 种激素的标准工作液，连续进样 6 次，记录峰面积。

4.1.3.2 稳定性

精密吸取 5 种激素的标准工作液，于标准品配制后 0 h、4 h、8 h、12 h、

16 h、20 h、24 h、28 h、32 h、36 h、40 h、44 h 和 48 h 分别进样，记录其峰面积。

4.1.3.3　回收率

在白桦叶片样品中加入标准品进行检测回收率。1.0 g 白桦样品中分别加入已知量的 GA_3、GA_4、IAA、ABA、IS 对照品，用 4.1.2.1 和 4.1.2.2 所示的提取方法进行样品制备和测定，计算回收率。

4.1.4　数据处理方法

利用色谱操作系统的 Empower Pro 软件及统计软件 Excel 2007 处理数据，进行统计分析和绘图。

4.2　结果与分析

4.2.1　LC-MS/MS 检测方法建立

4.2.1.1　各种激素的色谱吸收峰

根据文献(Pan et al.，2008)中激素的提取方法，依据 4.1.2.2 中的色谱条件，测定 5 种激素紫外吸收图谱见图 4-1～图 4-6。

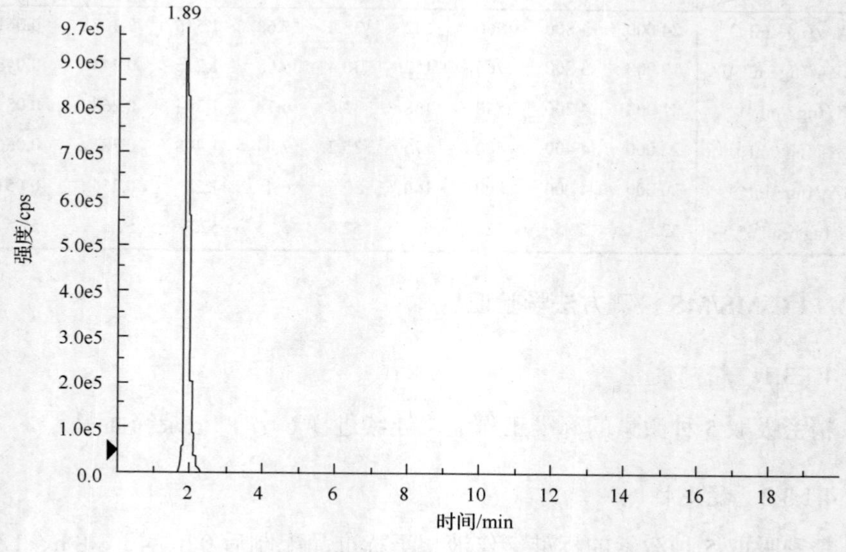

图 4-1　ZT 色谱吸收图

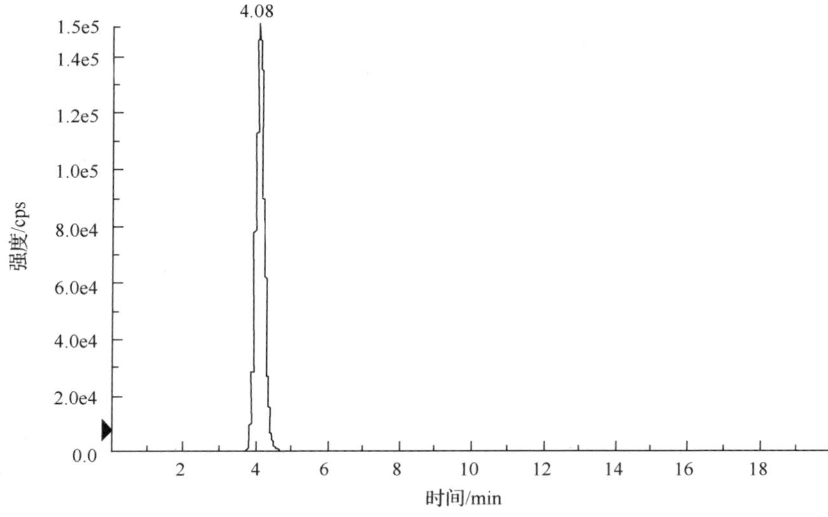

图 4-2　GA_3 色谱吸收图

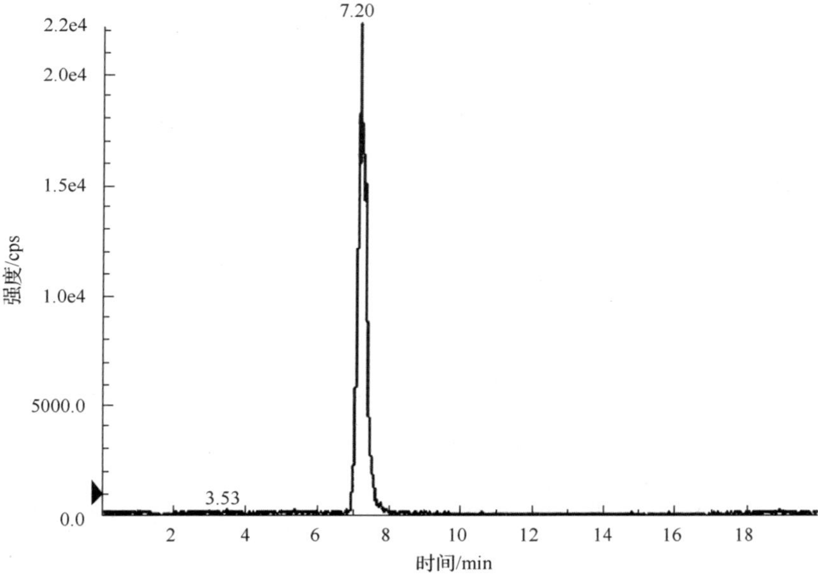

图 4-3　IAA 色谱吸收图

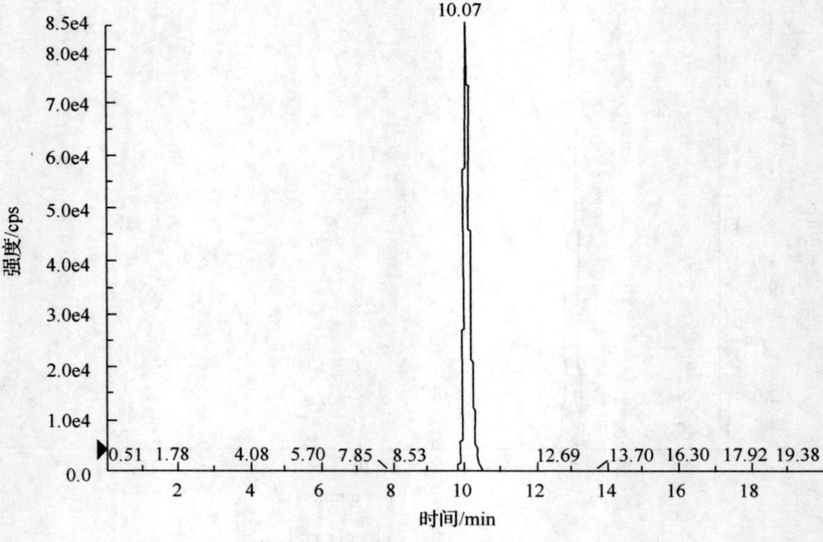

图 4-4　ABA 色谱吸收图

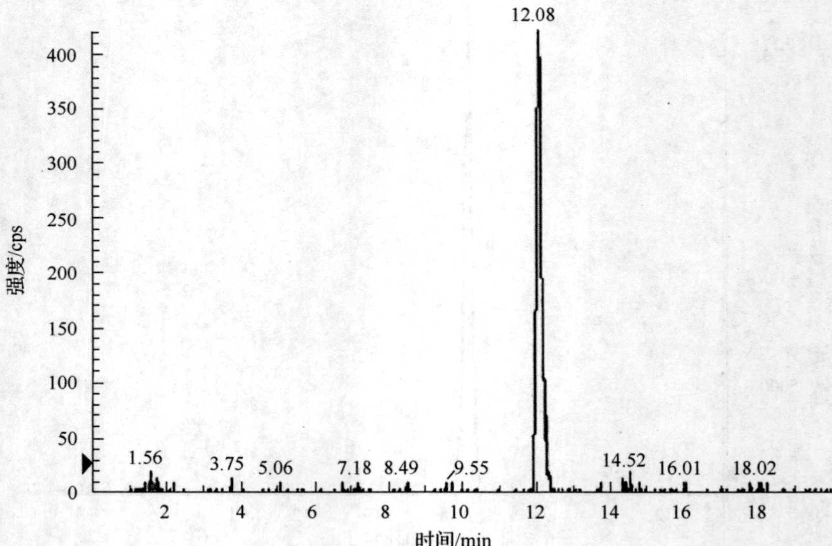

图 4-5　内标物(吲哚丁酸)色谱吸收图

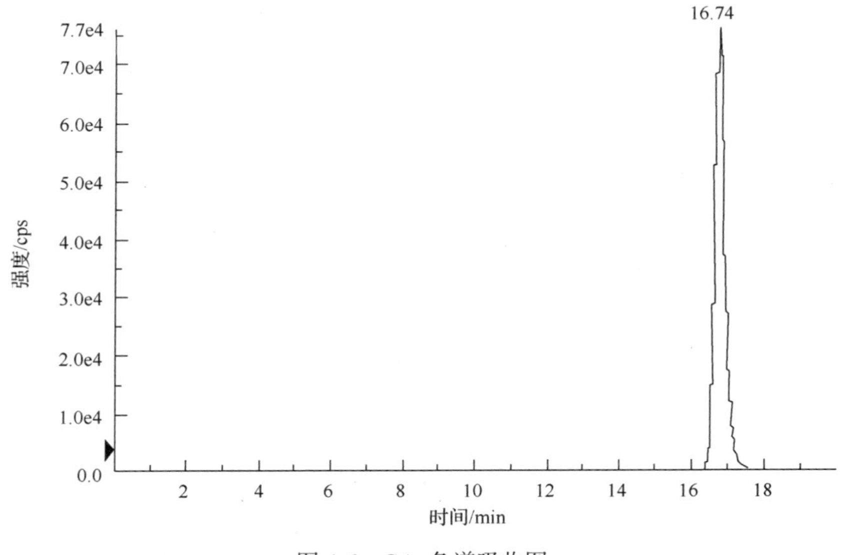

图 4-6　GA_4 色谱吸收图

4.2.1.2　各种标准品的质谱图

按照 4.1.2.2 中所述的质谱条件，检测 5 种激素质谱图见图 4-7～图 4-12。

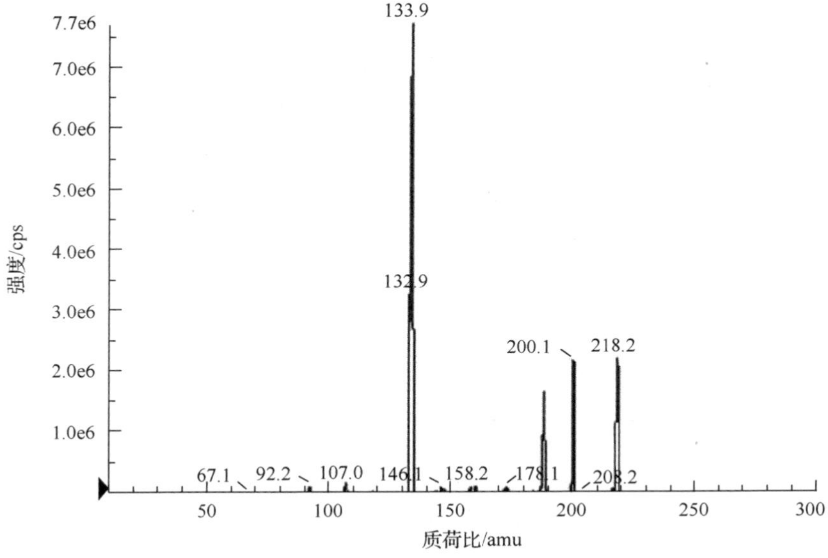

图 4-7　ZT 质谱图

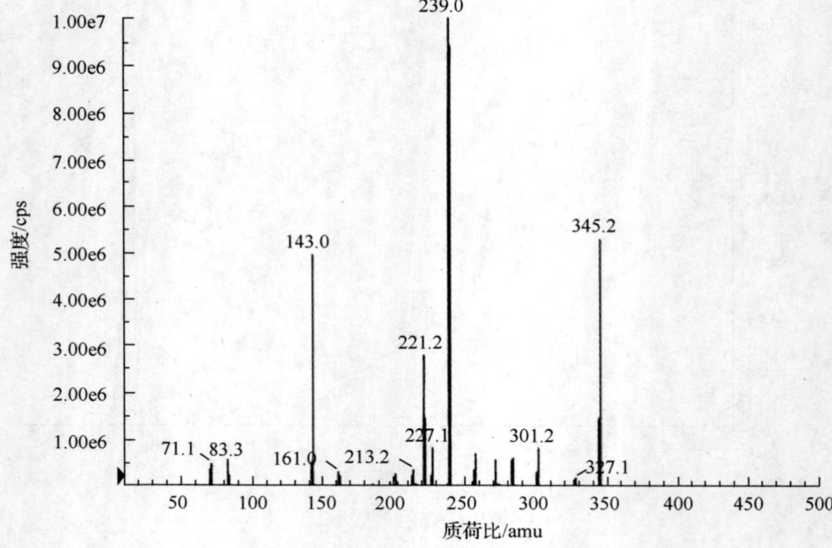

图 4-8　GA_3 质谱图

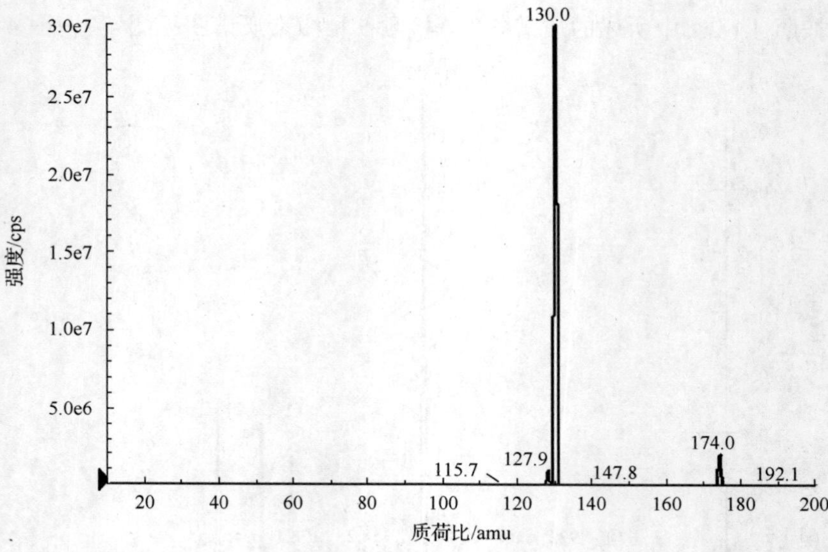

图 4-9　IAA 质谱图

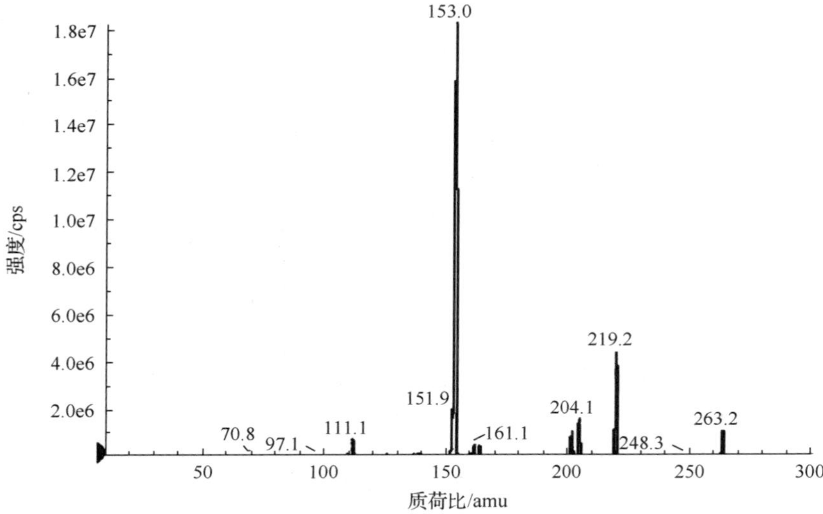

图 4-10　ABA 质谱图

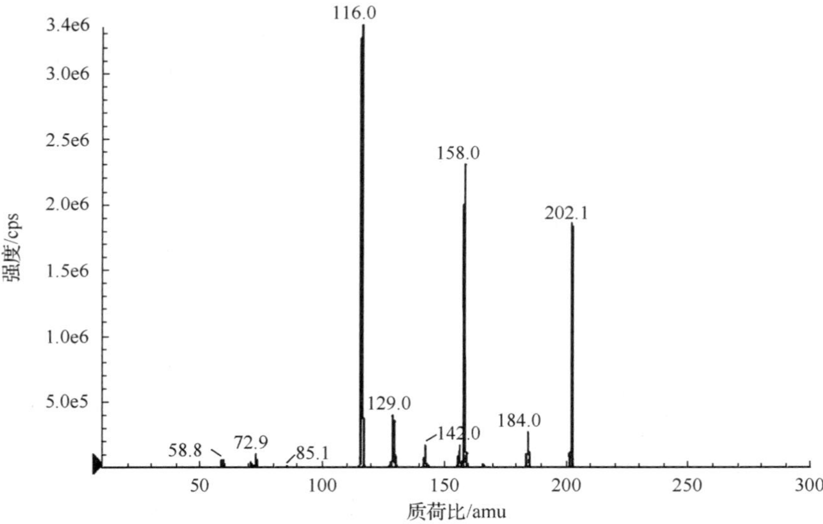

图 4-11　内标物质谱图

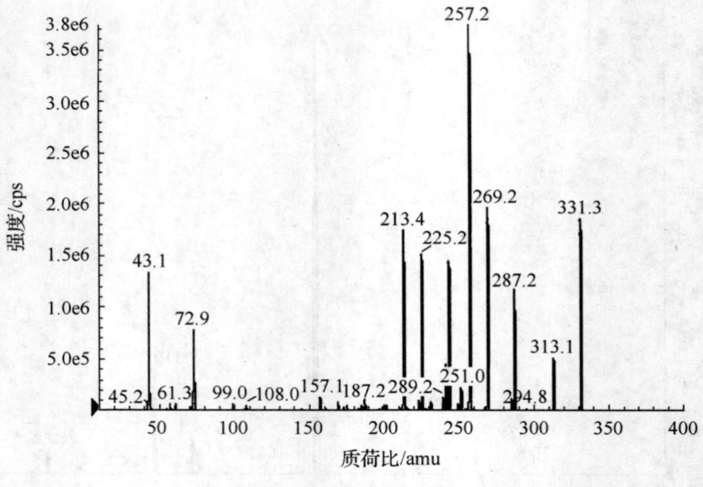

图 4-12　GA_4 质谱图

4.2.1.3　标准曲线图

对照品参考 4.1.2.3 节的方法配制，LC-MS/MS 依据 4.1.2.2 节的条件进行检测，结果如图 4-13～图 4-17 所示。以图中标准曲线的线性方程计算样品中各种激素的含量(表 4-5)。

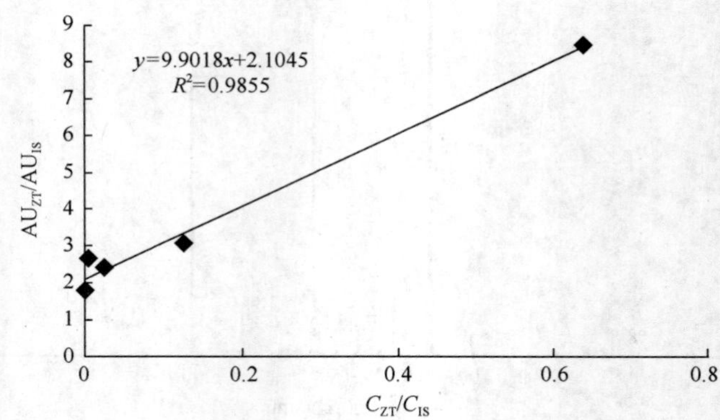

图 4-13　ZT 的标准曲线图

C_{ZT}，玉米素的浓度；C_{IS}，内标物的浓度；AU_{ZT}，玉米素的峰面积；AU_{IS}，内标物的峰面积

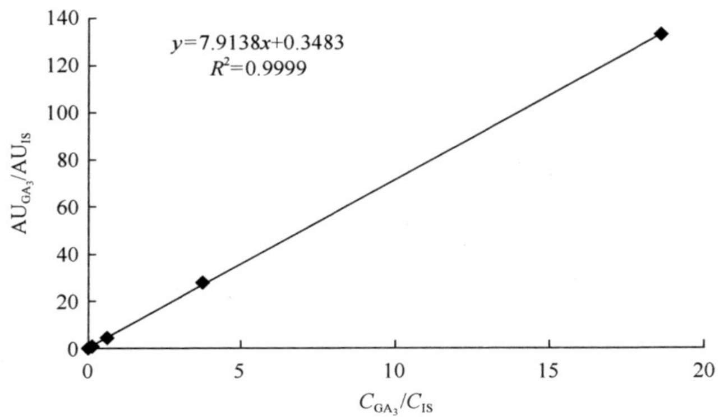

图 4-14 GA_3 的标准曲线图

C_{GA_3}，赤霉素 3 的浓度；C_{IS}，内标物的浓度；AU_{GA_3}，赤霉素 3 的峰面积；AU_{IS}，内标物的峰面积

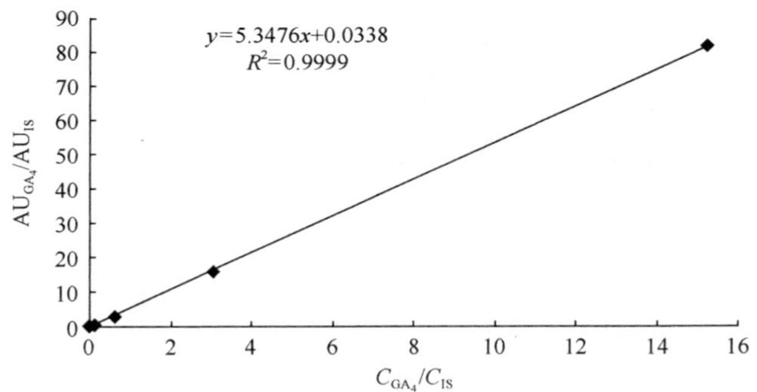

图 4-15 GA_4 的标准曲线图

C_{GA_4}，赤霉素 4 的浓度；C_{IS}，内标物的浓度；AU_{GA_4}，赤霉素 4 的峰面积；AU_{IS}，内标物的峰面积

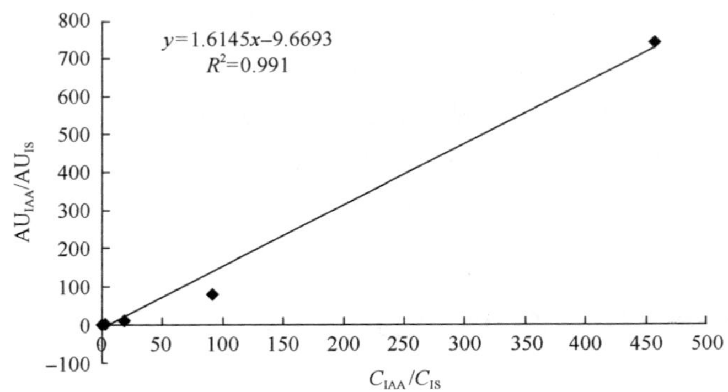

图 4-16 IAA 的标准曲线图

C_{IAA}，生长素的浓度；C_{IS}，内标物的浓度；AU_{IAA}，生长素的峰面积；AU_{IS}，内标物的峰面积

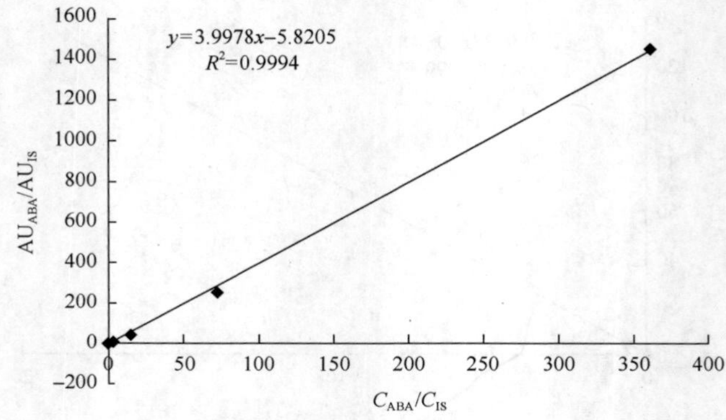

图 4-17　ABA 的标准曲线图

C_{ABA}，脱落酸的浓度；C_{IS}，内标物的浓度；AU_{ABA}，脱落酸的峰面积；AU_{IS}，内标物的峰面积

表 4-5　激素的标准曲线的线性方程

激素	线性方程	R^2
ZT	$y = 9.9018x+2.1045$	0.9855
GA_3	$y = 7.9138x+0.3483$	0.9999
GA_4	$y = 5.3476x+0.0338$	0.9999
IAA	$y = 1.6145x–9.6693$	0.991
ABA	$y = 3.9978x–5.8205$	0.9994

ZT 的最低检测限及定量限：0.054 ng·ml^{-1}；0.24 ng·ml^{-1}（信噪比 3∶1；10∶1），检测范围：0.24～33.6 ng·ml^{-1}；

GA_3 的最低检测限及定量限：0.056 ng·ml^{-1}；0.27 ng·ml^{-1}（信噪比 3∶1；10∶1），检测范围：0.27～880 ng·ml^{-1}；

GA_4 的最低检测限及定量限：0.051 ng·ml^{-1}；0.23 ng·ml^{-1}（信噪比 3∶1；10∶1），检测范围：0.23～800 ng·ml^{-1}；

IAA 的最低检测限和定量限分别是 0.061 ng·ml^{-1} 和 0.26 ng·ml^{-1}（信噪比 3∶1；10∶1），检测范围在 0.26～24 000 ng·ml^{-1}；

ABA 的最低检测限及定量限：0.049 ng·ml^{-1}；0.20 ng·ml^{-1}（信噪比 3∶1；10∶1），检测范围：0.20～19 000 ng·ml^{-1}。

4.2.2　检测激素含量的 LC-MS/MS 方法学验证

4.2.2.1　检测 GA_3 和 GA_4 含量的 LC-MS/MS 方法学验证

在优化的色谱条件下，采用改进的 LC-MS/MS 方法分析了白桦样品中的

GA_3 和 GA_4 水平。在 MRM 模式下，混合的标准工作液中 GA_3、GA_4 和 IS 的色谱图分别见图 4-2、图 4-6 和图 4-5，图形色谱分离好，形成对称性好的尖峰，GA_3、GA_4 与 IS 的保留时间分别为(4.08±0.04) min、(16.74±0.03) min 和(12.08±0.04) min，负离子模式质谱图见图 4-8、图 4-12 和图 4-11。采用标准添加法(50 ng·ml^{-1} IS) 制定标准曲线，每个标准工作液重复进样 3 次。标准曲线为：y_{GA_3}=7.9138x＋0.3483 和 y_{GA_4}=5.3476x＋0.0338(y 为 AU_{GA}/AU_{IS}；x 为 C_{GA}/C_{IS}；AU 为吸光度；C 为标准工作液浓度)，相关系数平方分别为 $R_{GA_3}{}^2$= 0.9998 和 $R_{GA_4}{}^2$ =0.9997。GA_3 的线性范围在 0.27～880 ng·ml^{-1}，在信噪比为 3∶1 时的最低检测限为 0.056 ng·ml^{-1}，在信噪比为 10∶1 时的最低定量限为 0.27 ng·ml^{-1}。GA_4 的线性范围在 0.23～800 ng·ml^{-1}，在信噪比为 3∶1 时的最低检测限为 0.051 ng·ml^{-1}，在信噪比为 10∶1 时的最低定量限为 0.23 ng·ml^{-1}。

采用含量分别为 176 ng·ml^{-1} GA_3(50 ng·ml^{-1} IS) 和 160 ng·ml^{-1} GA_4(50 ng·ml^{-1} IS) 的标准工作液分别重复进样 6 次，进行 LC-MS/MS 检测方法的精确度测定。峰面积和保留时间的相对标准偏差都低于 3%。采用添加内标物的 2 个不同浓度的标准工作液，参考 4.1.2.1 中的方法进行提取，验证回收率分别为：96.5%～103.8%和 96.9%～103.7%。在 4℃条件下分析了 GA_3、GA_4 和 IS 的稳定性，结果表明它们的稳定性好。

4.2.2.2 检测 ABA 含量的 LC-MS/MS 方法学验证

在优化的色谱条件下，采用改进的 LC-MS/MS 方法分析了白桦样品中的 ABA 水平。在 MRM 模式下，混合的标准工作液中 ABA 与 IS 的色谱图见图 4-4 和图 4-5，图形色谱分离好，形成的尖峰对称性好，ABA 与 IS 的保留时间分别为(10.07±0.03) min 和(12.08±0.04) min。负离子模式质谱图见图 4-10 和图 4-11。

采用标准添加法(50 ng·ml^{-1} IS) 制定标准曲线，每个标准工作液重复进样 3 次。标准曲线为：y =3.997x–5.8205(y 为 AU_{ABA}/AU_{IS}；x 为 C_{ABA}/C_{IS}；AU 为吸光度；C 为标准工作液浓度)，R^2= 0.9994。ABA 好的线性范围在 0.20～19 000 ng·ml^{-1}。在信噪比为 3∶1 时的最低检测限为 0.049 ng·ml^{-1}。在信噪比为 10∶1 时的最低定量限为 0.2 ng·ml^{-1}。

采用含量为 4 μg·ml^{-1} ABA(50 ng·ml^{-1} IS) 的标准工作液重复进样 6 次，进行 LC-MS/MS 检测方法的精确度测定。保留时间和峰面积的相对标准偏差均低于 3%。采用添加内标物的 2 个不同浓度的标准工作液，参考 4.1.2.1 中的方法进行提取，验证回收率为 96.1%～103.1%。在 4℃条件下分析了 ABA

和 IS 的稳定性，结果表明它们的稳定性好。

4.2.2.3 检测 IAA 含量的 LC-MS/MS 方法学验证

在优化的色谱条件下，采用改进的 LC-MS/MS 方法分析了白桦样品中的 IAA 水平。在 MRM 模式下，混合的标准工作液中 IAA 与 IS 的色谱图见图 4-3 和图 4-5，图形色谱分离好，形成的尖峰对称性好，IAA 与 IS 的保留时间分别为(7.20±0.05) min 和(12.08±0.04) min。负离子模式质谱图见图 4-9 和图 4-11。

采用标准添加法(50 ng · ml^{-1} IS)制定标准曲线，每个标准工作液重复进样 3 次。标准曲线为：y=1.615x–9.6693(y 为 AU_{IAA}/AU_{IS}；x 为 C_{IAA}/C_{IS}；AU 为吸光度；C 为标准工作液浓度)，R^2 = 0.991。IAA 好的线性范围在 0.26～24 000 ng · ml^{-1}。在信噪比为 3∶1 时的最低检测限为 0.061 ng · ml^{-1}。在信噪比为 10∶1 时的最低定量限为 0.26 ng · ml^{-1}。

采用含量为 960 ng · ml^{-1} IAA(50 ng · ml^{-1} IS)的标准工作液重复进样 6 次，进行 LC-MS/MS 检测方法的精确度测定。保留时间和峰面积的相对标准偏差均低于 3%。采用添加内标物的 2 个不同浓度的标准工作液，按照 4.1.2.1 中的提取方法进行提取，验证回收率为 96.8%～104.2%。在 4℃条件下分析了 ABA 和 IS 的稳定性，结果表明它们的稳定性好。

4.2.3 样品中各种激素含量的计算方法

4.2.3.1 GA_3 和 GA_4 含量的计算方法

白桦中 GA_3 和 GA_4 含量计算方法如下：

$$M_{GA}=(C_{GA}\cdot V_{Sample})/W_{Sample}$$

式中，M_{GA} 代表样品中 GA_3 或 GA_4 的量，单位 ng · g^{-1}FW；C_{GA} 代表样品中 GA_3 或 GA_4 的浓度，单位 ng · ml^{-1}；V_{Sample} 代表样品的体积，单位 ml；W_{Sample} 代表样品的鲜重，单位 g。

4.2.3.2 ABA 含量的计算方法

白桦中 ABA 含量计算方法如下：

$$M_{ABA}=(C_{ABA}\cdot V_{Sample})/W_{Sample}$$

式中，M_{ABA} 代表样品中 ABA 的量，单位 ng · g^{-1} 鲜重；C_{ABA} 代表样品中 ABA 的浓度，单位 ng · ml^{-1}；V_{Sample} 代表样品的体积，单位 ml；W_{Sample} 代表样品的鲜重，单位 g。

4.2.3.3 IAA 含量的计算方法

白桦中 IAA 含量计算方法如下：

$$M_{IAA}=(C_{IAA}\cdot V_{Sample})/W_{Sample}$$

式中，M_{IAA} 代表样品中 IAA 的量，单位 ng · g^{-1} 鲜重；C_{IAA} 代表样品中 IAA 的浓度，单位 ng · ml^{-1}；V_{Sample} 代表样品的体积，单位 ml；W_{Sample} 代表样品的鲜重，单位 g。

4.3 讨 论

LC-MS 联用系统由高效液相色谱、质谱仪和接口装置(即液相色谱与质谱之间的连接装置，也称电离源)三部分组成。首先将待检测样品在液相色谱系统进样，样品混合物在经过色谱柱时被分离。被分离组分按一定顺序依次从接口流进质谱仪在离子源处被离子化。在质量分析器中，这些离子按照质荷比的不同再次进行分离，获得的离子信号转变成电信号被传递到计算机数据处理系统中，根据质谱峰积分的强度和位置信息对样品混合物中的物质成分和结构进行分析，并且能给出分析物详细的结构信息。三重四极杆质谱联用系统-碰撞诱导解离-MS/MS 在选择单反应或多反应监测模式下进行检测，具有极高的选择性和灵敏度，非常适用于化学成分的定性和定量分析。

采用 LC-MS/MS 检测技术对植物目标成分进行定性和定量分析，能同时获得化合物极为丰富的信息，如在线紫外光谱、保留时间、分子质量及特征结构碎片等，可以获得复杂混合物中单一成分的质谱图，极其利于痕量化合物的分离和鉴定。

本研究以白桦幼树嫩叶为材料，优化了 HPLC-PAD 和 LC-MS/MS 两种激素含量检测方法。这两种方法各有特点：HPLC-PAD 法要求对被检测物质进行纯化，以最大限度地减少杂质对待检测物质的干扰。该方法耗时长，对被检测物质处理程序多会加大相对误差，该条件下只能同时检测 4 种激素，但费用低。而 LC-MS/MS 检测技术的提取方法简单，弥补了传统 HPLC 检测器选择性和灵敏度差的缺点，提供了精确、可靠的相对分子质量及结构信息，节省样品预处理和分析时间，该方法可同时检测多种激素的含量，但所用费用较高。

4.4 本章小结

本章优化了内标法同时检测 5 种植物内源激素（GA_3、GA_4、IAA、ABA、ZT）的 LC-MS/MS 方法。

色谱条件：流动相的流速为 1 ml·min^{-1}；色谱柱柱温为 25℃；进样量为 10 μl；样品间的进样延迟为 5 min。流动相由甲醇（A）和 0.1%甲酸水溶液（B）二相组成，梯度洗脱条件如下：0～5 min，45%（A）；5～10 min，65 %（A）；10～15 min，65%（A）；15～16 min，45 %（A）；16～20 min，45%（A）。

质谱条件：在负离子模式下进行 API3000 三重四极杆质谱仪的操作，5 种激素的质谱图由直接注射对照品溶液获得。电喷雾离子源条件如下：电喷雾电压为–4500 V；雾化气和气帘气分别为 10 psi 和 12 psi；聚焦电压和碰撞室入口电压分别为–375V 和–10V；离子源温度为 300℃。其他 CID-MS/MS 参数，包括碰撞能量、去簇电压和碰撞室出口电压，分别针对每种激素获得优化参数。

5　白桦内源赤霉素含量及合成关键基因的表达分析

赤霉素(gibberellin，GA)广泛存在于植物界。人们发现在被子植物、裸子植物、蕨类植物、褐藻和绿藻中都有赤霉素存在。迄今为止，已发现一百余种赤霉素，但只有GA_1、GA_3、GA_4、GA_7具有生物活性。活性GA能影响高等植物生活史的不同阶段，如种子萌发、茎的伸长、花器官的诱导和发育，以及果实和种子的形成。近年来，由于研究手段和技术的创新发展、突变体材料的获得和利用，以及模式植物基因组的解明，使赤霉素生物合成及调控方面的研究取得了可喜的进展,GA的生物合成途径已较清楚。对于木本植物，关于赤霉素对植物生长发育影响机制的研究也已突破了其作为生长调节剂对植物生长形态调控的研究水平，进入了赤霉素生物合成和调控分子机制研究的层次。

白桦是我国非常重要的经济树种和造林树种。由于白桦原木市场需求量剧增，急需大规模培育白桦速生丰产林来缓解供需的矛盾。而林木特有的生物学问题是生长周期过长，这也是提高“林木质量和产量”亟待解决的核心问题。GA_3和GA_4是天然存在的调控植物生活周期各个方面的一类生理活性物质。为此，研究白桦一个生活周期内GA_3和GA_4含量的动态变化及调控赤霉素生物合成关键基因的时序表达，可为揭示GA_3和GA_4对白桦生长发育影响的分子机制奠定基础。

5.1　材料与方法

5.1.1　材料

5.1.1.1　植物材料

(1) 于2009年5～8月8个采样时间(5月1日、5月15日、6月1日、6月15日、7月1日、7月15日、8月1日、8月15日)的下午1:00，采集自然条件下生长的2～4年生白桦幼树枝端嫩叶。

(2) 于 2009 年 5 月 18 日、19 日和 20 日三个连续晴天采集 4 年生白桦幼树枝端嫩叶。

(3) 分别于 2009 年 5 月 26 日、6 月 13 日和 7 月 2 日采集 4 年生尚未开花结实和第一次开花结实的白桦幼树各 15 株的枝端嫩叶。

上述样品采集后立即置于液氮中，储存于–80℃冰箱中备用(图 5-1)。

A

B

图 5-1　白桦叶组织发育时期的照片

A. 圆圈指示用来做实验样品的叶片；B. 不同生长时期采集的鲜叶样品

5.1.1.2　实验药品

实验中使用的药品和试剂见表 5-1。

表 5-1　实验药品

药品名称	规格	生产厂家
GA_3	色谱用对照品	Sigma 公司
IAA	色谱用对照品	Sigma 公司
ABA	色谱用对照品	Sigma 公司
ZT	色谱用对照品	Sigma 公司
4-(3-indolyl) butyric acid，IBA	色谱用对照品	Sigma 公司
甲醇	色谱纯	Aupos 公司
甲醇	分析纯	南京化学试剂股份有限公司
乙酸乙酯	分析纯	南京化学试剂股份有限公司
无水乙醇	分析纯	南京化学试剂股份有限公司

续表

药品名称	规格	生产厂家
石油醚(30～60)	分析纯	南京化学试剂股份有限公司
乙醇	分析纯	天津市医药公司
丙酮	分析纯	南京化学试剂股份有限公司
正丁醇	分析纯	天津市医药公司
乙酸	分析纯	南京化学试剂股份有限公司
液氮		
去离子水		实验室自制备

5.1.1.3　实验仪器

实验室工作中使用的主要仪器和设备见表 5-2。

表 5-2　实验仪器设备

仪器名称	生产厂家
高效液相色谱系统	
Waters 2695 分离模块	Waters Co. USA
Waters 2996 二极管阵列检测器	Waters Co. USA
Atlantic dC18 液相色谱柱(150 mm × 4 mm，5 μm)	Waters Co. USA
Empower Pro 色谱操作系统	Waters Co. USA
固相萃取柱(C18 Box 50 ×　3 ml tubes，200 mg)	SPE-PAK Cartridges，Agilent
真空冻干仪	中山市豪通电器有限公司
电冰箱	合肥美菱股份有限公司
超声振荡清洗仪	昆山市超声仪器有限公司
研钵	巩义市颖辉高铝瓷厂
101 型电热鼓风干燥箱	北京市永光明医疗仪器厂
Centrifuge 5418 小型离心机	上海化工机械厂有限公司
超纯水制备设备	北京盈安美诚科学仪器有限公司
移液器(1000 μl)	Eppendorf
移液器(20～200 μl)	Eppendorf
制冰机	上海因纽特制冷设备有限公司
分析天平	沈阳龙腾电子有限公司
0.45 μm 过滤器	Waters Co. USA

续表

仪器名称	生产厂家
0.22 μm 滤膜	Waters Co. USA
移液管（10 ml）	北京博美玻璃仪器厂
量筒（250 ml）	北京博美玻璃仪器厂
容量瓶（1000 ml）	北京博美玻璃仪器厂
量杯（25 ml）	北京博美玻璃仪器厂
烧杯（500 ml）	北京博美玻璃仪器厂
自动进样瓶	Waters Co. USA
离心管（1.5 ml）	北京博美玻璃仪器厂
离心管（2 ml）	北京博美玻璃仪器厂
离心管（10 ml）	北京博美玻璃仪器厂
离心管（500 ml）	北京博美玻璃仪器厂

5.1.2 实验方法

5.1.2.1 白桦内源 GA_3 和 GA_4 的提取方法

采用 Pan 等（2008）的激素提取方法并稍有改动，提取溶剂为 100%甲醇。精确称取样品 1.000 g（FW），迅速置于液氮中研磨成细粉，在 0～4℃用 3 ml 100%甲醇溶液提取，提取液中加入 50 ng · ml^{-1} 内标物（IBA），涡旋振荡 10 min，12 000 r · min^{-1} 4℃离心 10 min，收集上清液，残渣用 2 ml 甲醇按上法再次提取，将两次获得的上清液合并后用氮吹仪浓缩为 1 ml，置–40℃冰箱中放置 24 h，12 000 r · min^{-1} 4℃离心 10 min 后收集上清液，再次定容至 1.0 ml，0.45 μm 过滤后备用。

5.1.2.2 白桦内源 GA_3 和 GA_4 的检测方法

色谱条件：流动相的流速为 1 ml · min^{-1}；色谱柱柱温为 25℃；进样量为 10 μl；样品间的进样延迟为 5 min。流动相由甲醇（A）和加入 0.1%（*V/V*）乙酸的水溶液（B）二相组成，梯度洗脱条件设为：0～5 min，45%（A）；5～10 min，65%（A）；10～15min，65%（A）；15～16min，45%（A）；16～20 min，45%（A）。

质谱条件：采用 API3000 三重四极杆质谱仪检测，操作模式为负离子模式，由注入仪器中的 GA_3、GA_4 和 IS 对照品溶液获得这三种物质的二级质谱谱图。电喷雾离子源（ESI）条件如下：雾化气（nebulize gas，NEB）、气帘气

(curtain gas，CUR)分别为 10 psi 和 12 psi；电喷雾电压(ionspray voltage，IS)为– 4500 V；离子源温度设为 300℃；聚焦电压(focal potential，FP)和碰撞室入口电压(entrance potential，EP)分别为–375 V 和–10 V。其他检测 GA_3、GA_4 和 IS 的 CID-MS/MS 优化参数[包括去簇电压(declustering potential，DP)、碰撞能量(collision energy，CE)和碰撞室出口电压(collision export potential，CXP)]见表 5-3。Analyst 软件(1.4 版本)用来进行数据处理。

表 5-3 优化的检测 GA_3 和 GA_4 的 MS/MS 参数

	MRM	DP/V	CE/V	CXP/V
GA_3	345.2→239.0	–40	–25	–8
GA_4	331.3→257.2	–80	–35	–6
IS	202.2→116.0	–105	–25	–6

注：MRM，多反应监测模式(multiple reaction monitoring mode)；DP，去簇电压(declustering potential)；CXP，碰撞室出口电压(collision export potential)；CE，碰撞能量(collision energy)

5.1.2.3 白桦内源 GA_3 和 GA_4 含量的时序变化分析

1)不同树龄白桦幼树一个生长周期内叶组织中 GA_3 和 GA_4 的含量分析

采用 5.1.2.1 的激素提取方法，利用 5.1.2.2 的 LC-MS/MS 色谱系统及色谱条件，检测 2009 年 5 月至 8 月采集自然条件下生长的 2～4 年生白桦幼树枝端嫩叶中 GA_3 和 GA_4 的含量。

2)白桦 4 年树龄幼树叶组织中内源 GA_3 和 GA_4 的日含量分析

采用 5.1.2.1 的激素提取方法，利用 5.1.2.2 的 LC-MS/MS 色谱系统、色谱及质谱条件，检测于 2009 年 5 月 18 日、19 日和 20 日三个连续晴天采集 4 年生白桦幼树枝端嫩叶中 GA_3 和 GA_4 的日含量。

3)白桦 4 年树龄幼树开花结实与否的植株嫩叶中内源 GA_3 和 GA_4 的含量分析

采用 5.1.2.1 的激素提取方法，利用 5.1.2.2 的 LC-MS/MS 色谱系统及色谱条件，检测分别于 2009 年 5 月 26 日、6 月 13 日和 7 月 2 日采集 4 年生尚未开花结实和第一次开花结实的白桦幼树各 15 株的枝端嫩叶中 GA_3 和 GA_4 含量。

5.1.2.4 GAs 生物合成关键酶基因的克隆与序列分析

本实验的前期工作中已构建了白桦枝端叶芽的转录本文库。利用 BLASTX 和 BLASTN 对 Unigenes 进行功能注释。目前，赤霉素生物合成途径已经阐明，关键调控基因来源于 KEGG 路径数据库(http://www.genome.jp/kegg/pathway.html)，相关基因从代谢途径上查找，并结合 GenBank 已有的相关基因进行筛选。

5.1.2.5 实时荧光定量 RT-PCR

1) 总 RNA 的制备与纯化

采用 CTAB 法分别提取在 5 月 1 日、5 月 15 日、6 月 1 日、6 月 15 日、7 月 1 日、7 月 15 日、8 月 1 日、8 月 15 日下午 1: 00 左右采集的 4 年生白桦枝端嫩叶组织的总 RNA，样品共 3 次生物学重复以保证结果的重现性。按照如下步骤提取 RNA。

(1) 在 1.5 ml Eppendorf 离心管中加入 2×CTAB 和 β-巯基乙醇共 0.70 ml，组织样品在液氮中磨成细粉后加入离心管中，65℃、5 min；冰上放置 2 min 后，12 000 $r \cdot min^{-1}$ 离心 10 min。

(2) 取上清，在上清液中分别加入水饱和酚和氯仿各 0.3 ml，剧烈振荡 5 min，离心 10 min，取上清；重复操作 2 次。

(3) 加氯仿 0.6 ml，振荡 5 min 后离心 10 min。

(4) 在保留的上清液中加 0.5 倍体积的无水乙醇、0.5 倍体积的 8 mol LiCl，冰浴 10 min，离心 10 min，弃上清，气干后获得的 RNA 沉淀物溶于 DEPC 水中待用。

(5) 按照 TaKaRa 公司 Recombinant DNase I (RNase-free) 试剂盒说明书消化总 RNA 中污染的 DNA。在 PCR 管中分别加 4 μl 10×DNase I Buffer、7 U DNase I 和 20 μg 总 RNA，加 DEPC 水至 40 μl，37℃孵育 1 h。

(6) 在 1.5 ml 离心管中将反应液用水饱和酚和氯仿抽提 2 次，取上清，加入 3 倍体积无水乙醇和 0.1 倍体积的 NaAc 溶液，置–80℃ 10 min，离心后弃上清。

(7) 气干后，将获得的 RNA 溶于一定量的 DEPC 处理水中。

(8) 采用琼脂糖凝胶电泳检测获得的 RNA 质量，并对 RNA 做纯度检测及定量。

2) cDNA 第一链合成

取总 RNA 0.5 μg，采用 TaKaRa 公司 PrimeScript™ RT Reagent Kit 试剂盒，按说明合成 cDNA。将合成的产物加 DEPC 水稀释 10 倍，作为 qRT-PCR 模板。

3) 实时定量 RT-PCR

使用 Toyobo 公司试剂盒 SYBR Green Realtime PCR Master Mix 进行

qRT-PCR。用 *Bpactin*、*Bptublin* 和 *BpUBQ* 3 个基因作为内参基因。实时荧光定量 RT-PCR 的引物序列见表 5-4。反应体系为：2×SYBR Green Realtime PCR Master Mix 10 μl，分别加入 1 μl 的 P_1、P_2（10 μmol·L^{-1}）引物溶液，加入 2 μl 稀释的各样品的模板（相当于 100 ng 总 RNA），用去离子水补足至 20 μl。定量 PCR 反应条件为：94℃ 30 s；94℃ 12 s，58℃ 30 s，72℃ 45 s；79℃读板 1 s，45 个循环。实时定量 RT-PCR 对每个样品进行了 9 个独立的实验（3 个生物学重复和 3 个技术重复）。

表 5-4 qRT-PCR 引物表

基因名称	基因库登录号	正向引物（5′→3′）	反向引物（5′→3′）
BpDDGP	HO112169	GCCAATTACATTGCTCACAG	ACGCTAGTCAAGATTCAACC
BpCPS1	HO112170	CTGCGAATGAACTCTTTGAC	GCTTGGCAATTGTTGTAGTC
BpCPS2	HO112171	GAGCTGCTGTCCCATCCTC	CAGAATCAATATCATCTGG
BpKS	HO112172	GGTTATTGGATAATCAACTC	AGTTGGTTCTCATCGGTAGC
BpKO1	HO112173	CTGGTTACAACAGAATGG	TCCAGCAGGAACATAGTACC
BpKO2	HO112174	AGAAGAGCTTGTGCAGGTG	AGGTTTCAGTAGTTACTAG
Bp2ox	HO112175	GAAACCTAGCCTGTTATCAC	CTTCAGGTAATGAGCAATGG
Bp20ox1	HO112176	GTGATAATGGAGGTGTTGGC	GTGTCACCAATGTTGATGAC
Bp20ox2	HO112177	GCAACAAGTTCTTCTCACTC	GATTTCCATCGTATGTCTCC
Bp20ox3	HO112178	GATCAAAAGGCTTAAAGAGC	ACTTTCATTGTCATGATTGG
Actin	HO112155	GCATTGCTGATAGGATGAGC	CCACTTGATTAGAAGCCTCTC
β-tubulin	HO112154	ACGCCAAACCCTAAATCTGG	GGATCGGATGCTGTCCATG
ubiquitin	HO112156	CCATCTGGTGCTAAGACTGAG	AGGACCAGATGGAGAGTGC

5.1.2.6 数据分析

采用 $2^{-\Delta\Delta Ct}$ 方法进行基因表达的相对定量分析（Livak and Schmittgen，2001）。此公式中的 Ct 是热循环仪检测的反应体系中荧光信号的强度值，$\Delta\Delta Ct=(Ct_1-Ct_2)_{Ⅰ}-(Ct_1-Ct_2)_{Ⅱ}$，式中，$Ct_1$ 为目的基因 Ct 值 9 个重复的平均数，Ct_2 为 3 个内参基因 Ct 值 9 个重复的平均数；Ⅰ为不同时间采集的样品，Ⅱ为 5 月 1 日采集的样品，即 $2^{-\Delta\Delta Ct}$ 表示采集的不同样品目的基因的表达量相对于 5 月 1 日采集样品表达量的变化倍数，使用此法能获得目的基因相对于所有 3 个内参基因的表达量。数据分析使用软件 Excel 2007（Microsoft company，USA）。采用 SPSS 16.0 软件（SPSS Inc.，IBM Company，USA）进行 Pearson 相关分析，GA_3 和 GA_4 生物合成关键基因表达量数值采用平均值±标准偏差来表示。

5.1.3　内源 GA_3 和 GA_4 含量的时序变化分析

5.1.3.1　不同树龄白桦幼树一个生长周期内叶组织中 GA_3 和 GA_4 的含量分析

我们检测了 2～4 年生白桦幼树嫩叶组织中内源 GA_3 和 GA_4 的含量。结果表明：叶组织样品中 GA_4 的含量绝大多数均高于 GA_3 的含量，并且这 3 个树龄的白桦叶组织中 GA_3 和 GA_4 含量时序变化的规律基本相似(图 5-2)。从 5 月 15 日至 6 月 15 日这 3 个树龄的白桦叶组织中 GA_3 含量变化相似并维持一个较稳定的水平，而在 5 月 1 日至 5 月 15 日和 7 月 1 日至 8 月 15 日之间 GA_3 的含量出现较大的波动(图 5-2A)。这 3 个树龄的白桦叶组织中 GA_4 含量

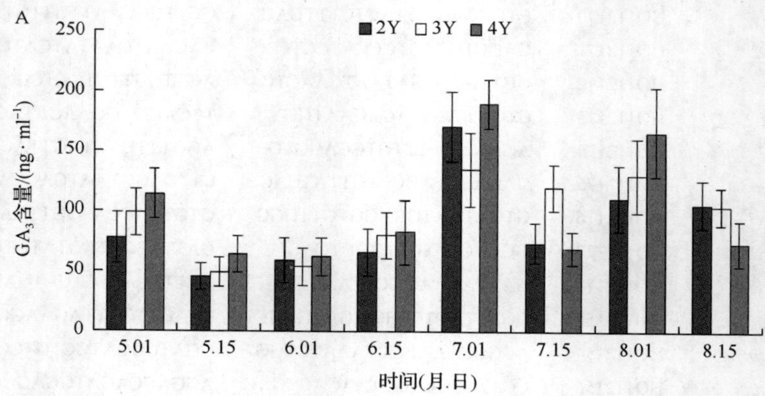

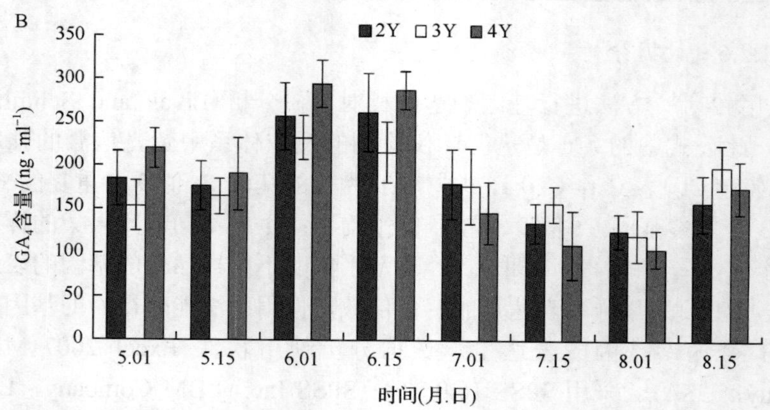

图 5-2　白桦 2～4 年生幼树嫩叶中内源 GAs 含量在 1 个生长期的变化

A. GA_3；B. GA_4

时序变化的规律也基本上相似(图 5-2B)，但 GA_3 和 GA_4 含量达到整个生长周期峰值的时间不同。GA_4 含量于 6 月 1 日达到峰值，而 GA_3 的含量是在 7 月 1 日达到峰值。GA_4 含量变化表现为从 5 月 1 日起逐渐增加，到 6 月 1 日达到峰值后含量逐渐下降，于 8 月 1 日降至最低值，之后在 8 月 15 日含量再次增加至接近 5 月 1 日的水平。有趣的是，从 6 月 15 日至 7 月 1 日 GA_4 的含量逐渐降低，而 7 月 1 日至 8 月 15 日 GA_3 的含量却检测到了较高的水平(图 5-2)。

5.1.3.2 白桦 4 年树龄幼树叶组织中内源 GA_3 和 GA_4 的日变化分析

我们检测了在 5 月 18～20 日这 3 个连续晴天里采集的 4 年生白桦幼树嫩叶组织中内源 GA_3 和 GA_4 含量的变化。结果表明，在此生长期叶组织样品中 GA_3 的含量均低于 GA_4 的含量(图 5-3)，连续 3 天在每一天相同时间点检测到的 GA_3 含量时序变化规律相似，而且从 8：00 至 14：00 GA_3 含量逐渐增高，并达到峰值，然后开始下降(图 5-3A；表 5-5)。表 5-2 中数据统计分析结果表明，连续 3 天在 8：00、10：00 和 16：00 的 GA_3 含量变化较大(相对标准偏差 RSD＞5%)，而在 12：00 和 14：00 的 GA_3 含量变化较小(RSD＜5%)。另一方面，连续 3 天在每一天相同时间点检测到的 GA_4 含量时序变化规律也相似，而且从 8：00 至 12：00 GA_4 含量逐渐增高，并达到峰值，然后开始下降(图 5-3B；表 5-5)。表 5-5 中数据统计分析结果表明，连续 3 天在 8：00 和 16：00 的 GA_4 含量变化较大(相对标准偏差 RSD＞5%)，而在 10：00、12：00 和 14：00 的 GA_4 含量变化较小(RSD＜5%)。总之，对一天内 5 个时间点检测到的赤霉素含量结果表明，在连续 3 天内，每日的高温度和强光照的时间内赤霉素含量变化波动较小。

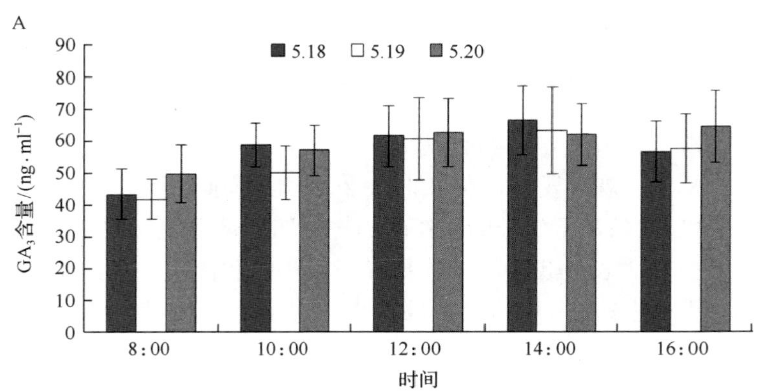

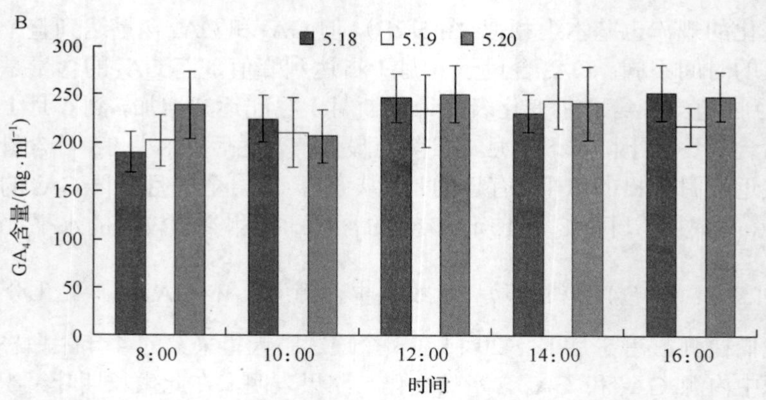

图 5-3　白桦 4 年生幼树在连续 3 个晴天嫩叶中内源 GA 含量变化

A. GA_3；B. GA_4

表 5-5　白桦内源 GA_3 和 GA_4 日变化分析表

	GA_3			GA_4		
	平均值/(ng·ml^{-1})	SD	RSD/%	平均值/(ng·ml^{-1})	SD	RSD/%
8:00	44.8	4.27	9.54[a]	209.6	25.33	12.09[a]
10:00	55.1	4.70	8.53[a]	213.0	9.41	4.42
12:00	61.5	1.03	1.67	242.3	9.25	3.28
14:00	63.7	2.29	3.59	237.4	6.78	2.86
16:00	59.4	4.33	7.28[a]	238.5	19.06	7.99[a]

a. RSD > 5%；SD 为标准偏差；RSD 为相对标准偏差。

5.1.3.3　白桦 4 年树龄幼树开花结实与嫩叶中内源 GA_3 和 GA_4 的含量分析

通常情况下，开花结实与否是木本植物从幼树发育阶段进入成年树发育阶段的一个标志。观察发现，在东北林业大学白桦强化种子园(东经 126.36°，北纬 45.44°)自然条件下生长的 4 年生白桦幼树一部分进入生殖生长，而一部分尚未进入生殖生长。我们随机选择开花结实的和尚未开花结实的白桦幼树各 15 株挂牌，在 5～7 月不同的生长阶段分 3 次采样(5 月 26 日、6 月 13 日和 7 月 2 日)，检测其内源 GA_3 和 GA_4 含量变化。结果表明：在 5 月 26 日、6 月 13 日和 7 月 2 日这 3 天里 15 株成年白桦 GA_3 含量的平均值分别为(72.42±15.1)ng·ml^{-1}、(84.3±10.4)ng·ml^{-1} 和(182.1±18.5)ng·ml^{-1}；而白桦幼树 GA_3

含量的平均值分别为(63.3±8.7)ng · ml^{-1}、(76.9±9.0)ng · ml^{-1} 和(169.0±12.9)ng · ml^{-1}(表 5-5)。另一方面，在 5 月 26 日、6 月 13 日和 7 月 2 日这 3 天里 15 株成年白桦 GA_4 含量的平均值分别为(311.5±27.9)ng · ml^{-1}、(303.3±26.3)ng · ml^{-1} 和(164.2±12.4)ng · ml^{-1}；而白桦幼树 GA_4 含量的平均值分别为(290.0±27.4)ng · ml^{-1}、(284.6±23.4)ng · ml^{-1} 和(154.3±13.7)ng · ml^{-1}(表 5-6)。对检测到的内源 GA_3 和 GA_4 含量进行单边方差分析，结果表明：进入成年发育的白桦树，其 GA_3 和 GA_4 含量均较幼树的含量高($P \leqslant 0.05$)(表 5-7；表 5-8)。

表 5-6 单株白桦内源 GA_3 含量变化分析($n_{总}$=15)

编号	采集时间(成年树，自由度=3)			采集时间(幼树，自由度=3)		
	05.26	06.13	07.02	05.26	06.13	07.02
1	57.9±16.8	90.8±25.9	179.8±48.6	75.4±21.5	86.2±16.8	174.9±26.5
2	71.7±22.3	86.0±17.4	198.1±31.0	59.9±14.2	65.0±19.7	**150.9±37.4**
3	83.9±29.6	76.6±22.5	169.0±19.7	75.8±26.3	72.2±20.1	163.3±45.9
4	66.7±23.4	79.7±29.6	**151.2±26.8**	**53.4±18.4**	65.8±15.0	175.3±28.2
5	**99.5±9.8**	94.2±14.7	175.8±39.4	60.6±11.5	84.4±29.3	184.3±21.4
6	87.8±26.1	75.4±28.0	184.3±35.3	58.4±16.3	75.4±17.4	**197.9±39.7**
7	55.8±11.2	**64.6±12.9**	157.0±20.1	56.2±14.3	**91.5±22.5**	164.0±31.6
8	76.1±14.8	97.6±25.7	170.8±24.6	62.4±9.8	84.1±18.0	157.2±26.7
9	54.1±19.3	68.2±21.3	189.3±31.3	71.7±20.4	81.8±26.7	165.9±24.3
10	86.0±7.6	**99.4±17.4**	193.7±25.2	57.1±11.6	66.7±15.3	151.9±39.0
11	78.1±22.7	94.8±22.9	183.2±39.5	66.1±17.4	77.6±21.2	169.5±47.6
12	59.7±9.8	83.1±29.1	160.9±24.1	55.8±12.8	**63.5±19.8**	164.1±27.0
13	91.5±24.6	84.4±17.4	209.4±20.6	55.0±16.7	72.8±10.7	163.3±21.4
14	65.4±11.0	79.4±16.2	**215.1±29.8**	**81.1±24.3**	87.4±24.9	166.7±26.8
15	**52.1±9.5**	89.5±21.9	194.0±36.5	59.8±18.2	78.5±16.6	185.7±47.9
平均值	72.42±15.1	84.3±10.4	182.1±18.5	63.3±8.7	76.9±9.0	169.0±12.9

注：$n_{总}$为自由度总数。每一列中加粗的数值分别为该处理组中的最大值和最小值。GA_3 含量单位为 ng · ml^{-1}。

表 5-7　单株白桦内源 GA_4 含量变化分析（$n_{总}$=15）

编号	采集时间（成年树，自由度=3）			采集时间（幼树，自由度=3）		
	05.26	06.13	07.02	05.26	06.13	07.02
1	324.2±39.0	301.9±36.4	167.9±20.1	298.6±29.8	317.7±33.4	140.3±16.3
2	293.5±35.1	276.8±37.2	**186.1±26.4**	314.9±35.7	269.2±22.7	167.5±20.4
3	273.4±24.8	332.1±25.7	179.2±30.7	269.1±27.0	287.3±30.3	**180.3±19.3**
4	**268.7±40.1**	**257.7±29.3**	146.5±23.3	253.0±37.8	301.4±36.7	139.2±15.7
5	287.0±29.4	291.6±31.0	169.4±30.6	274.4±26.5	256.5±31.6	156.6±20.9
6	291.6±35.7	297.6±37.6	166.0±19.8	330.2±25.4	259.3±33.9	148.7±21.4
7	**354.1±36.9**	269.4±20.8	159.8±24.4	264.5±30.0	**327.1±24.8**	161.0±16.6
8	300.9±26.3	327.7±33.1	172.4±24.9	277.7±37.9	277.6±22.2	173.2±25.3
9	283.4±32.4	338.5±38.0	160.3±17.2	280.6±28.9	271.4±28.7	150.7±17.7
10	321.7±21.9	315.7±28.7	164.8±15.8	**335.1±33.3**	**254.3±26.1**	162.3±18.0
11	348.6±33.6	298.8±22.6	146.4±22.2	**250.5±28.1**	304.3±39.5	144.6±17.4
12	318.6±38.8	331.0±37.4	175.2±25.2	300.9±26.4	311.1±35.5	**132.9±13.5**
13	339.5±35.1	286.7±36.9	168.2±19.6	328.2±28.5	290.0±34.6	138.9±19.9
14	341.1±29.0	**340.2±24.6**	158.1±18.0	291.2±34.7	280.5±31.1	159.1±14.0
15	325.4±23.3	284.3±30.5	**142.2±21.3**	280.3±35.5	261.8±21.5	158.7±18.3
平均值	311.5±27.9	303.3±26.3	164.2±12.4	290.0±27.4	284.6±23.4	154.3±13.7

注：$n_{总}$为自由度总数。每一列中加粗的数值分别为该处理组中的最大值和最小值。GA_3 含量单位为 $ng \cdot ml^{-1}$。

表 5-8　GA_3 含量方差分析结果

分组		平方和	*df*	均方	*F*	显著性检验
GA_3（05.26）	组间	631.125	1	631.125	4.166	0.051
	组内	4241.601	28	151.486		
	总和	4872.727	29			
GA_3（06.13）	组间	409.221	1	409.221	4.320	0.047
	组内	2652.313	28	94.725		
	总和	3061.535	29			
GA_3（07.02）	组间	1289.696	1	1289.696	5.076	0.032
	组内	7113.979	28	254.071		
	总和	8403.675	29			

表 5-9　GA_4 含量方差分析结果

分组		平方和	df	均方	F	显著性检验
GA_4(05.26)	组间	3 466.875	1	3 466.875	4.540	0.042
	组内	21 382.795	28	763.671		
	总和	24 849.670	29			
GA_4(06.13)	组间	2 622.675	1	2 622.675	4.230	0. 049
	组内	17 361.167	28	620.042		
	总和	19 983.842	29			
GA_4(07.02)	组间	735.075	1	735.075	4.323	0. 047
	组内	4 760.627	28	170.022		
	总和	5 495.702	29			

5.1.4　基因的克隆与分析

5.1.4.1　GA 生物合成关键基因的克隆与序列分析

根据文库中基因的功能注释，克隆并鉴定了 10 个调控赤霉素生物合成的 Unigenes，分别为：1 个 *BpGGDP*(geranylgeranyl diphosphate)；2 个 *BpCDP*(ent-copalyl diphosphate synthase)；1 个 *BpKS*(ent-kaurene synthase)；2 个 *BpKO*(ent-kaurene oxidase)；3 个 *BpGA20ox*(gibberellin 20 oxidase)；1 个 *BpGA2ox*(gibberellin 2 oxidase)。这 10 个基因已经提交到 GenBank(登录号：HO112169-HO112178)(表 5-3)。

5.1.4.2　GA 合成关键基因在 5 月 1 日的表达丰度分析

实时荧光定量 RT-PCR 对白桦叶片中克隆的调控 GA 生物合成的 10 个基因表达谱的研究结果表明：在 5 月 1 日，白桦生长发育初期，不同基因的表达量在同一采样时间内存在极显著的差异。本研究把表达量最低的基因的表达量设为 1，其 ΔCt 值最高。其余 9 个基因的表达量是以此基因表达量为标准量的比值。结果发现，基因 *BpCPS2* 的表达量最低，设定为标准表达量(图 5-4)。基因 *BpCPS1*、*BpCPS2*、*BpKS* 和 *Bp20ox3* 在 5 月 1 日的表达量很低，而基因 *BpDDGP* 的表达量最高，约为标准表达量的 248 倍。

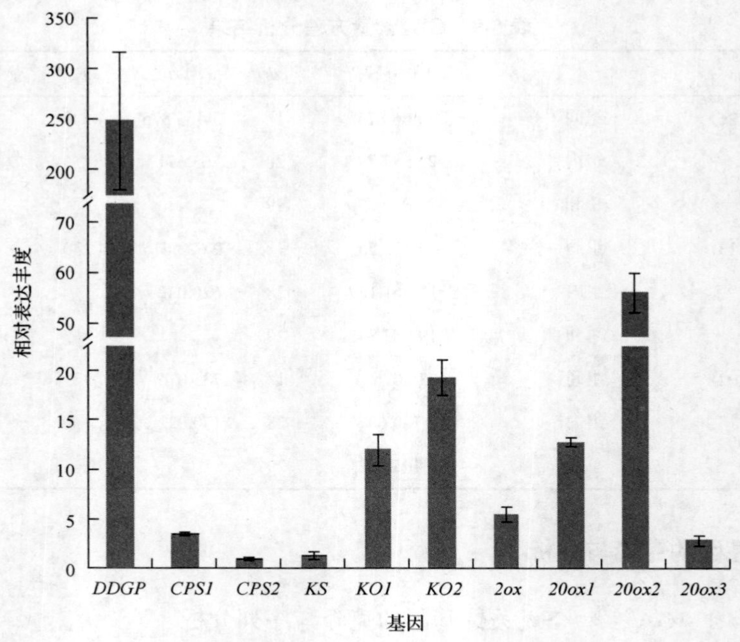

图 5-4 10 个基因在 5 月 1 日的表达丰度

5.1.4.3 GA 合成关键基因的时序定量表达分析

白桦一个生长周期内叶组织中与赤霉素生物合成相关的 10 个基因表达谱的研究结果表明(图 5-5)，这 10 个基因的表达模式大致分为 5 组：第 1 组包括 *BpCPS2* 和 *Bp20ox2* 两个基因，这两个基因在 5 月 1 日至 6 月 1 日期间表现为上调，并在 6 月 1 日达到峰值，然后基因表达呈下调趋势，直到 7 月 15 日再次恢复至峰值，最后再次表现为下调趋势；第 2 组包括 *BpKS*、*BpKO1*、*BpKO2*、*Bp2ox* 和 *Bp20ox3* 等 5 个基因，它们在 5 月 1 日至 5 月 15 日表现为上调趋势，接下来至 6 月 15 日表现为下调趋势，而在 7 月 1 日至 8 月 15 日期间再次表现出上调再下调的基因表达趋势；第 3 组只包括 *BpDDGP* 基因，这个基因的表达在 5 月 1 日至 6 月 1 日期间为下调趋势，而后到 7 月 15 日又恢复到 5 月 1 日的表达水平，在 8 月 1 日表现出下降水平后，于 8 月 15 日再次恢复达到 5 月 1 日的表达水平(图 5-5)；第 4 组包括 *BpCPS1* 基因，这个基因在 6 月 1 日前表现为上调，而后该基因一直表现为下调趋势；最后一组包括 *Bp20ox1* 基因，这个基因的表达与第 2 组基因的表达模式相近，只是在 5 月 15 日采集的叶组织中检测到该基因的表达呈下调趋势。

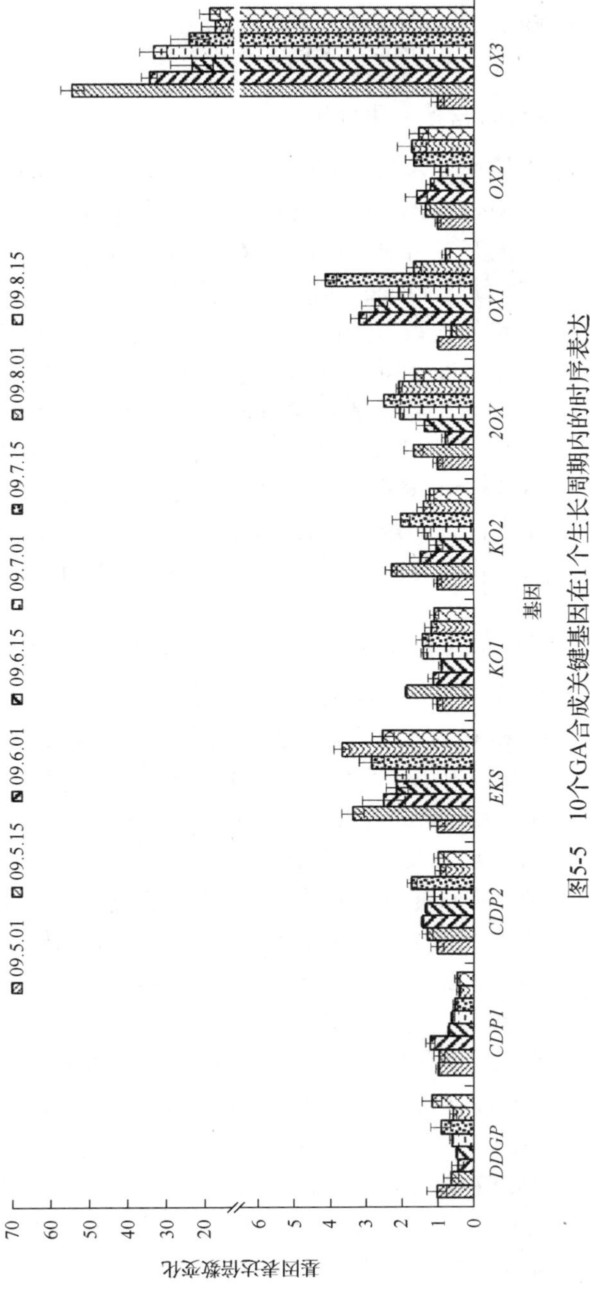

图5-5 10个GA合成关键基因在1个生长周期内的时序表达

5.2 讨 论

5.2.1 内源 GA_3 和 GA_4 含量变化分析

研究表明，木本植物中内源 GA 的水平存在差异。Moritz 等(1989)认为阿拉斯加云杉(*Picea sitchensis*)幼树嫩枝中主要含有 GA_4 和 GA_9，Blake 等(2000)认为生理成熟的开花树中主要含有 GA_1 和 GA_3。然而，Brooking 和 Cohen(2002)发现，现蕾期“Black Magic”的块茎中活性 GA_3 和 GA_{4+7} 的含量并无差异，而大剂量的赤霉素能诱导迅速开花。本研究中，我们检测了不同树龄、不同生长时期白桦幼树嫩叶中的内源 GA_3 和 GA_4 含量，结果表明：在白桦幼树的一个生长周期中，不同采样时间采集的样品中都存在 GA_3 和 GA_4，表明 GA_3 和 GA_4 是白桦正常生长发育过程中不可缺少的植物激素(图 5-2A；图 5-2B)。Fei 等(2004)认为，在野生型拟南芥的花、叶、种子和萌发的种子中，GA_4 是主要的内源激素，而且 GA_4 比 GA_3 更能促进种子的萌发。而我们的研究结果与 Fei 等一致，在 5～8 月，白桦幼树嫩叶中 GA_4 的含量都高于 GA_3 的含量。

5 月 15 日至 6 月 15 日，白桦幼树的叶、枝和茎迅速发育，GA_3 和 GA_4 水平逐渐增高(图 5-2A；图 5-2B)，这些现象可能与白桦的生理现象和外界的环境因素有关。GA_3 和 GA_4 水平逐渐增高应该是与这期间迅速增加的光照强度和环境温度有关。这与 Potter 等(1999)和 Kurepin 等(2011)的结论“赤霉素具有促进光形态发生作用和促进嫩枝伸长的作用”一致。而且，白桦是雌雄同株的树木，有着不同的雌花、雄花开花期。在哈尔滨，雄花在 6 月初开放(Wang et al.，2011b)。由于赤霉素能诱导开花，我们检测到了增高的 GA_3 和 GA_4 水平。7 月 1 日至 8 月 15 日是花发育期，这个进程始于 6 月末至 7 月初，发育的花序在花芽中越冬，直到下一年的 5 月开花。我们的检测结果表明这一阶段的白桦嫩叶中赤霉素含量随着树龄的增大而增加。

内源赤霉素水平的日变化检测结果为：GA_3 和 GA_4 水平分别在下午 14：00 和中午 12：00 达到峰值。在 5 月，连续 3 天的 GA_3 和 GA_4 水平在中午 12：00 和下午 14：00 检测的含量变化不大(RSD＜5%)(图 5-3A；图 5-3B；表 5-2)，这进一步说明光照强度和温度可调控内源 GA_3 和 GA_4 合成的因子(Li et al.，2010，Kurepin et al.，2011)。而对于 4 年树龄的单株幼树来说，已开花结实的白桦幼树(n=15)的 GA_3 和 GA_4 的平均水平都比尚未开花结实的白桦幼树高(表 5-3；表 5-4)，方差分析结果表明它们之间存在着显著差异($P<0.05$)(表 5-5；表 5-6)，这些结果建议 GA_3 和 GA_4 对白桦树开花产生积极作用。

5.2.2 内源 GA 生物合成关键基因时序表达分析

早期的研究表明，赤霉素调控基因的表达和蛋白质合成，并且最终影响植物的生理和生化进程(Wu et al.，2008；Mauriat and Moritz，2009)。赤霉素的生物合成和代谢涉及很多酶参与的复杂的信号途径(Huang et al.，2010)。本研究克隆并鉴定了 10 个参与赤霉素生物合成的基因，结果表明 *BpGGDP* 基因在白桦早期发育阶段的表达丰度最高(图 5-4)，而且在 5 月 1 日至 8 月 15 日期间这个基因的相对表达量一直处于稳定状态(图 5-5)。这或许与 GGPP 酶催化从 IPP 合成 FPP，再合成 GGPP 的连续缩合反应有关。GGPP 是二萜类物质合成的前体，是许多类异戊二烯化合物合成的分支点(Lin et al.，2010；Singkaravanit et al.，2010)。此外，基因 *BpCPS1*、*BpCPS2* 和 *BpKO1* 也表现出相对稳定的表达模式(图 5-5)，这与 Chen 等的研究结果一致，即 *BpCPS1*、*BpCPS2* 和 *BpKO1* 基因的表达与酶的活性是相对稳定的，拟南芥中 *CPS* 或 *KS* 的表达只增加了上游前体物质的水平，并没有增加活性赤霉素水平(Chen et al.，2007)。

BpGA20ox 基因的表达调控在赤霉素稳态平衡方面起着重要作用。*BpGA20ox* 在转基因拟南芥中的过表达产生了较长的下胚轴、提早开花、茎的伸长和诱导种子休眠，这与活性赤霉素含量的增加有关(Hedden and Phillips，2000；Thomas et al.，2009；Martí et al.，2010)。这说明 *BpGA20ox* 基因是赤霉素生物合成的限速因子。在拟南芥中，*BpGA20ox* 基因编码至少 3 个有着不同表达模式的基因，每个基因 mRNA 表达丰度的降低均与其表达的酶在发育过程中的作用一致(Hedden and Phillips，2000)。本研究克隆了 3 个 *BpGA20ox* 基因，其中 *BpGA20ox3* 的表达丰度最低，与 *BpCPS1* 的表达丰度相似(图 5-4)。*BpGA20ox2* 的相对表达在这 3 个基因中丰度最高，并且在白桦一个生命周期中这 3 个基因的表达模式截然不同(图 5-5)，说明它们在赤霉素生物合成过程中可能有着不同的功能，这些基因的功能将在未来的实验中继续探索。

豌豆(*Pisum sativum*)的 GA2ox 由小基因家族编码，这些基因对活性赤霉素水平起负调控作用(Swain and Singh，2005)。在拟南芥茎伸长期，外施 GA_3 后，为维持赤霉素的稳态水平，*AtGA2ox1* 和 *AtGA2ox2* 的表达被上调(Huang et al.，2010)。Schomburg(2003)等认为，GA2ox 的过表达降低了赤霉素水平，产生了转基因拟南芥矮株的表型，而且烟草种子中降低的赤霉素水平促进种子休眠(Huang et al.，2010)。本研究只在白桦嫩叶中克隆出 1 个 *BpGA2ox* 基因，它的表达丰度只有 *BpGA20ox1* 的一半(图 5-4)。*GA20ox* 对赤霉素的生物合成起正调控作用，但由于 *GA2ox* 的表达会被外施赤霉素诱导，*GA2ox* 对赤霉素的生物合成起负调控的作用(Bömke and Tudzynski，2010)。*BpGA2ox* 具有与 *Bp20ox3* 类似的表达模式(图 5-5)，说明 *Bp20ox3* 或许参与活性赤霉素生物合成稳态平衡的作用。

5.3 本 章 小 结

本章采用 LC-MS/MS 方法检测了白桦幼树嫩叶中内源 GA_3 和 GA_4 水平的时序变化，白桦 1 个生长周期中，采集的 8 个嫩叶样品中均检测到内源 GA_3 和 GA_4，不同树龄、不同生长时期内源 GA_3 和 GA_4 水平的时序变化存在着显著差异。不同树龄的白桦幼树中 GA_3 和 GA_4 水平存在着类似的变化趋势，而且随着树龄的增加 GA_3 和 GA_4 的水平逐渐增大，GA_4 水平在这个发育阶段一直高于 GA_3 水平。内源 GA_3 和 GA_4 水平的日变化存在着由高到低的变化趋势，GA_3 和 GA_4 水平分别在下午 14: 00 和中午 12: 00 达到峰值。同一树龄的白桦幼树，已开花结实的 GA_3 和 GA_4 的平均水平显著高于尚未开花结实的白桦幼树中的含量，可见赤霉素对白桦的生长发育起着极大的促进作用。

克隆并鉴定出 10 个调控赤霉素生物合成的关键基因，分别为：1 个 *BpGGDP*(geranylgeranyl diphosphate)；2 个 *BpCDP*(ent-copalyl diphosphate synthase)；1 个 *BpKS*(ent-kaurene synthase)；2 个 *BpKO*(ent-kaurene oxidase)；3 个 *BpGA20ox*(gibberellin 20 oxidase)；1 个 *BpGA2ox*(gibberellin 2 oxidase)。GenBank 登录号：HO112169-HO112178。

分析了赤霉素生物合成相关的 10 个基因在生长初期(5 月 1 日)的表达丰度和一个生长周期内的时序表达模式，结果表明，在白桦生长发育初期，这些基因的表达量存在极显著差异。*BpCPS2* 的表达丰度最低，*BpDDGP* 的表达丰度最高。这 10 个基因在整个生长周期的表达模式存在极大差异，其中 *BpCPS2* 和 *Bp20ox2* 两个基因的表达模式相近；*BpKS*、*BpKO1*、*BpKO2*、*Bp2ox* 和 *Bp20ox3* 等 5 个基因的表达模式相近；其他的 *BpDDGP* 基因、*BpCPS1* 基因和 *Bp20ox1* 基因表现为各自不同的表达模式。

6　白桦内源脱落酸含量及合成关键基因的表达分析

脱落酸(ABA)是植物体内的一种内源激素，能调控胚的发育和成熟、调控植物衰老、控制种子休眠及提高种子的抗逆性，在多方面影响植物的生长发育，包括：关闭气孔，调整保卫细胞离子通道，改变其亚细胞分布，降低钙调素蛋白的转录水平，诱导脱落酸响应基因和改变相关基因表达等。研究认为，ABA 在植物抵抗外界环境胁迫(如高温、盐碱、干旱、寒冷等环境条件和除草剂等)时作为一种应激激素起着重要的作用，环境胁迫能改变植物体内源 ABA 的含量。

ABA 是由三个异戊烯单位组成的倍半萜。随着 ABA 缺陷型突变体与化学抑制剂的利用及分泌 ABA 的真菌的发现，高等植物 ABA 生物合成的研究取得了显著的进展。作为植物生长调节剂或抗蒸腾剂，ABA 在细胞工程和农林生产上存在潜在的应用价值，研究 ABA 的生物合成及其调控具有重要的理论意义和应用价值。

本研究采用 LC-MS/MS 方法分析了 5～8 月白桦幼树不同发育时期嫩叶中 ABA 水平，克隆了 12 个参与 ABA 生物合成的基因，采用实时 RT-PCR 方法分析了这 12 个基因在此发育时期的时序表达，利用统计学方法对嫩叶中 ABA 生物合成关键基因时序表达与 ABA 水平进行相关性分析。本结果将为研究 ABA 生物合成关键基因和 ABA 在白桦发育过程中的作用奠定基础。

6.1　材料与方法

6.1.1　材料

6.1.1.1　植物材料

2009 年 5～8 月，于各采样时间点的下午 13：00，在东北林业大学白桦强化种子园(东经 126.36°，北纬 45.44°)采集自然条件下生长的 4 年树龄的白桦幼树枝端嫩叶；样品采集后立即置于液氮中，储存于–80℃冰箱中备用

(图 6-1)。叶干物质含量测量方法(叶干重/鲜重)采用 Cornelissen 等(2003)的方法进行。

图 6-1　白桦嫩叶不同发育时期照片

A. 5 月 1 日的叶片；B. 5 月 1 日以后不同发育期采集的叶片(圆圈指示实验采集的样品)；C. 鲜叶；D. 液氮冻后的叶片；E. 干叶

6.1.1.2　实验药品

实验中使用的药品和试剂见表 6-1。

表 6-1　实验药品

药品名称	规格	生产厂家
GA_3	色谱用对照品	Sigma 公司
IAA	色谱用对照品	Sigma 公司
ABA	色谱用对照品	Sigma 公司
ZT	色谱用对照品	Sigma 公司
4-(3-indolyl) butyric acid，IBA	色谱用对照品	Sigma 公司
甲醇	色谱纯	Aupos 公司
甲醇	分析纯	南京化学试剂股份有限公司
乙酸乙酯	分析纯	南京化学试剂股份有限公司
无水乙醇	分析纯	南京化学试剂股份有限公司

续表

药品名称	规格	生产厂家
石油醚(30～60)	分析纯	南京化学试剂股份有限公司
乙醇	分析纯	天津市医药公司
丙酮	分析纯	南京化学试剂股份有限公司
乙酸	分析纯	南京化学试剂股份有限公司
正丁醇	分析纯	天津市医药公司
液氮		
去离子水		实验室自制备

6.1.1.3　实验仪器

实验室工作中使用的主要仪器和设备见表 6-2。

表 6-2　实验仪器设备

仪器名称	生产厂家
高效液相色谱系统	
Waters 2695 分离模块	Waters Co. USA
Waters 2996 二极管阵列检测器	Waters Co. USA
Atlantic dC18 液相色谱柱(150 mm × 4 mm，5 μm)	Waters Co. USA
Empower Pro 色谱操作系统	Waters Co. USA
固相萃取柱(C18 Box 50 ×　3 ml tubes，200 mg)	SPE-PAK Cartridges，Agilent
真空冻干仪	中山市豪通电器有限公司
电冰箱	合肥美菱股份有限公司
超声振荡清洗仪	昆山市超声仪器有限公司
研钵	巩义市颖辉高铝瓷厂
101 型电热鼓风干燥箱	北京市永光明医疗仪器厂
Centrifuge 5418 小型离心机	上海化工机械厂有限公司
超纯水制备设备	北京盈安美诚科学仪器有限公司
移液器(1000 μl)	Eppendorf
移液器(20～200 μl)	Eppendorf
制冰机	上海因纽特制冷设备有限公司
分析天平	沈阳龙腾电子有限公司

续表

仪器名称	生产厂家
0.45 μm 过滤器	Waters Co. USA
0.22 μm 滤膜	Waters Co. USA
移液管(10 ml)	北京博美玻璃仪器厂
量筒(250 ml)	北京博美玻璃仪器厂
容量瓶(1000 ml)	北京博美玻璃仪器厂
量杯(25 ml)	北京博美玻璃仪器厂
烧杯(500 ml)	北京博美玻璃仪器厂
自动进样瓶	Waters Co. USA
离心管(1.5 ml)	北京博美玻璃仪器厂
离心管(2 ml)	北京博美玻璃仪器厂
离心管(10 ml)	北京博美玻璃仪器厂
离心管(500 ml)	北京博美玻璃仪器厂

6.1.2　实验方法

6.1.2.1　白桦内源 ABA 的提取方法

采用 Pan 等(2008)的激素提取方法并稍有改动，提取溶剂为 100%甲醇。精确称取样品 1.000 g(FW)，迅速置于液氮中研磨成细粉，在 0～4℃用 3 ml 100%甲醇溶液提取，提取液中加入 50 ng·ml^{-1} 内标物(IBA)，涡旋振荡 10 min，12000 r·min^{-1} 4℃离心 10 min，收集上清液，残渣用 2 ml 甲醇按上法再次提取，将两次获得的上清液合并后用氮吹仪浓缩为 1 ml，置–40℃冰箱中放置 24 h，12000 r·min^{-1} 4℃离心 10 min 后收集上清液，再次定容至 1.0 ml，0.45 μm 过滤后备用。

6.1.2.2　白桦内源 ABA 的检测方法

色谱条件：流动相的流速为 1 ml·min^{-1}；色谱柱柱温为 25℃；进样量为 10 μl；样品间的进样延迟为 5 min。流动相由甲醇(A)和加入 0.1%(*V/V*)乙酸的水溶液(B)二相组成，梯度洗脱条件设为：0～5 min，45%(A)；5～10 min，65%(A)；10～15 min，65%(A)；15～16 min，45%(A)；16～20 min，45%(A)。

质谱条件：采用 API3000 三重四极杆质谱仪检测，操作模式为负离子模式，由注入仪器中的 ABA 和 IS 对照品溶液获得这两种物质的二级质谱谱图。电喷雾离子源(ESI)条件如下：雾化气(nebulize gas，NEB)、气帘气(curtain gas， CUR)分别为 10 psi 和 12 psi；电喷雾电压(ionspray voltage， IS)为 –4500 V；离子源温度设为 300℃；聚焦电压(focal potential，FP)和碰撞室入口电压(entrance potential， EP)分别为–375 V 和–10 V。其他检测 ABA 和 IS 的 CID-MS/MS 优化参数[包括去簇电压(declustering potential，DP)、碰撞能量(collision energy，CE)和碰撞室出口电压(collision export potential，CXP)见表 6-3。Analyst 软件(1.4 版本)用来进行数据处理。

表 6-3 优化的检测 ABA 的 MS/MS 参数

	MRM	DP/V	CE/V	CXP/V
ABA	263.2→153.0	–90	–18	–8
IS	202.2→116.0	–105	–25	–6

注：MRM，多反应监测模式（multiple reaction monitoring mode）；DP，去簇电压（declustering potential）；CXP，碰撞室出口电压（collision export potential）； CE，碰撞能量（collision energy）

6.1.2.3 白桦 4 年树龄幼树内源 ABA 含量的时序变化分析

采用 6.1.2.1 的激素提取方法，利用 6.1.2.2 的 LC-MS/MS 色谱系统、色谱及质谱条件，检测 2009 年 5 月至 8 月采集的自然条件下生长的 4 年树龄白桦幼树枝端嫩叶中 ABA 的含量。

6.1.2.4 ABA 生物合成关键基因的克隆与序列分析

本实验的前期工作中已构建了白桦枝端叶芽的转录本。利用 BLASTX 和 BLASTN 对获得的 Unigenes 进行功能注释。目前，脱落酸生物合成途径已经阐明，关键调控基因来源于 KEGG 路径数据库(http://www.genome.jp/kegg/pathway.html)，相关基因从代谢途径上查找，并结合 GenBank 已有的相关基因进行筛选。

6.1.2.5 实时荧光定量 RT-PCR

1)总 RNA 的制备与纯化

采用 CTAB 法分别提取在 5 月 1 日、5 月 15 日、6 月 1 日、6 月 15 日、7 月 1 日、7 月 15 日、8 月 1 日、8 月 15 日下午 13：00 左右采集的 4 年生白桦枝端嫩叶组织的总 RNA，样品共 3 次生物学重复以保证结果的重现性。按照如下方法提取 RNA。

(1) 在 1.5 ml Eppendorf 离心管中加入 2×CTAB 和 β-巯基乙醇共 0.70 ml，组织样品在液氮中磨成细粉后加入离心管中，65℃放置 5 min；冰上放置 2 min 后，12 000 r·min^{-1} 离心 10 min。

(2) 取上清，在上清液中分别加入水饱和酚和氯仿各 0.3 ml，剧烈振荡 5 min，离心 10 min，取上清；重复操作 2 次。

(3) 加氯仿 0.6 ml，振荡 5 min 后离心 10 min。

(4) 在保留的上清液中加 0.5 倍体积的无水乙醇、0.5 倍体积的 8 mol/L LiCl，冰浴 10 min，离心 10 min，弃上清，气干后获得沉淀的 RNA 沉淀物，溶于 DEPC 水中，待用。

(5) 按照 TaKaRa 公司 Recombinant DNase Ⅰ(RNase-free) 试剂盒说明书消化总 RNA 中污染的 DNA。在 PCR 管中分别加 4 μl 10×DNase Ⅰ Buffer、7 U DNase Ⅰ 和 20 μg 总 RNA，加 DEPC 水至 40 μl，37℃孵育 1 h。

(6) 在 1.5 ml 离心管中将反应液用水饱和酚-氯仿抽提 2 次；取上清，加入 3 倍体积无水乙醇和 0.1 倍体积的 NaAc 溶液，置–80℃ 10 min，离心后弃上清。

(7) 气干后将获得的 RNA 溶于一定量的 DEPC 处理水中。

(8) 采用琼脂糖凝胶电泳检测获得的 RNA 质量，并对 RNA 做纯度检测及定量。

2) cDNA 第一链合成

取总 RNA 0.5 μg，采用 TaKaRa 公司 PrimeScript^{TM} RT Reagent Kit 试剂盒，按说明合成 cDNA。将合成的产物加 DEPC 水稀释 10 倍，作为 qRT-PCR 模板。

3) 实时定量 RT-PCR

使用 Toyobo 公司试剂盒 SYBR Green Realtime PCR Master Mix 进行 qRT-PCR。用 *Bpactin*、*Bptublin* 和 *BpUBQ* 3 个基因作为内参基因。实时荧光定量 RT-PCR 的引物序列见表 6-4。反应体系为：2×SYBR Green Realtime PCR Master Mix 10 μl、正反向引物溶液（10 μmol·L^{-1}）各 1 μl、样品的模板（相当于 100 ng 总 RNA）2 μl，用去离子水补足至 20 μl。定量 PCR 反应条件为：94℃ 30 s；94℃ 12 s，58℃ 30 s，72℃ 45 s；79℃读板 1 s，45 个循环。实时定量 RT-PCR 对每个样品进行了 9 个独立的实验（3 个生物学重复和 3 个技术重复）。

表 6-4 qRT-PCR 引物表

基因名称	基因库登录号	正向引物(5′→3′)	反向引物(5′→3′)
BpNCED1	HO112157	ACCCAGATAACATCTGAGGC	AGCCGTACCTCAAGTACTTC
BpNCED2	HO112158	AAGTGCCTAGACTCGGAGTC	ACAATCCCTGTCCTGAGGTC
BpNCED3	HO112159	ACGCTCGACCCAGCGGTTCA	CTAAAGAGACGGCGTGTATC
BpNCED4	HO112160	TCAACATGAAAACTGGTCTG	AGAACCAAATCTGCCAGATC
BpNCED5	HO112161	GCAGTAGCATGTCCTCTGC	GAATCTGGGACGTTGGATAC
BpZEP1	HO112163	TCTCAGGCCATGAGGAGTC	GTATGTCAACCAACCCGAGC
BpZEP2	HO112164	ATTGGCTCTAACTATTACTG	TCCTTCTCAAATACCACAAC
BpZEP3	HO112165	CAAGAGTCATAAGCCGAATG	GTAAATAGCTTCCTTCGGTC
BpZEP4	HO112166	GGAAGATACCATTCTTCGAC	GCCATTCCATGAATAACAGC
BpZEP5	HO112167	GATGATGCATTGGAGCGTAC	TACCGTCTGTCCTCAATATC
BpZEP6	HO112168	ATGGCGGAGTTGTTCTAGTC	TAGGGATGACAACATTGTTC
BpAAO	HO112162	GAGAAACCAGAAACAGTCTG	TCCTCAACCTGGTCAAGTAC
Actin	HO112155	GCATTGCTGATAGGATGAGC	CCACTTGATTAGAAGCCTCTC
β-tubulin	HO112154	ACGCCAAACCCTAAATCTGG	GGATCGGATGCTGTCCATG
ubiquitin	HO112156	CCATCTGGTGCTAAGACTGAG	AGGACCAGATGGAGAGTGC

6.1.2.6 数据分析

采用 $2^{-\Delta\Delta Ct}$ 方法进行基因相对表达量的分析(Livak and Schmittgen，2001)。此公式中的 Ct 是热循环仪检测的反应体系中荧光信号的强度值，$\Delta\Delta Ct=(Ct_1-Ct_2)_{I}-(Ct_1-Ct_2)_{II}$，公式中 Ct_1 为目的基因 Ct 值 9 个重复的平均数，Ct_2 为 3 个内参基因 Ct 值 9 个重复的平均数；I 为不同时间采集的样品，II 为 5 月 1 日采集的样品，即 $2^{-\Delta\Delta Ct}$ 表示的是采集的不同样品目的基因的表达量相对于 5 月 1 日采集样品表达量的变化倍数，使用此法能获得目的基因相对于所有 3 个内参基因的表达量。数据分析使用软件 Excel 2007(Microsoft company，USA)。采用 SPSS 16.0 软件(SPSS Inc.，IBM Company，USA)进行 Pearson 相关分析，分析 ABA 生物合成关键基因表达及这些基因表达量与内源 ABA 水平的相关性。数值采用平均值±标准偏差来表示。

6.2 结果与分析

6.2.1 内源 ABA 含量的时序变化分析

在 5～8 月期间，白桦不同发育时期的样品中内源 ABA 水平存在很大的差异，结果见图 6-2。5 月 15 日检测到 ABA 的最高含量(111.0 nmol · g^{-1} DW)，(根据分子量 1 mol ABA 的质量为 264.32 g，可进行 nmol 与 ng · ml^{-1} 的换算)，约高于 5 月 1 日打破休眠初期 ABA 含量的 4 倍。然后，ABA 水平迅速下降，并在 6 月 1 日(47.1 nmol · g^{-1} DW)至 7 月 1 日(59.2 nmol · g^{-1} DW)期间处于一个相对稳定的水平。随后，在 7 月 1 日至 7 月 15 日期间，ABA 水平明显下降而达到接近 5 月 1 日的水平，这期间白桦的叶片迅速生长，分枝迅速伸长。到 8 月 1 日，ABA 的水平再次升高到 53.0 nmol · g^{-1} DW，而在 8 月 15 日，ABA 的水平再次降低为 34.8 nmol · g^{-1} DW(图 6-2)。

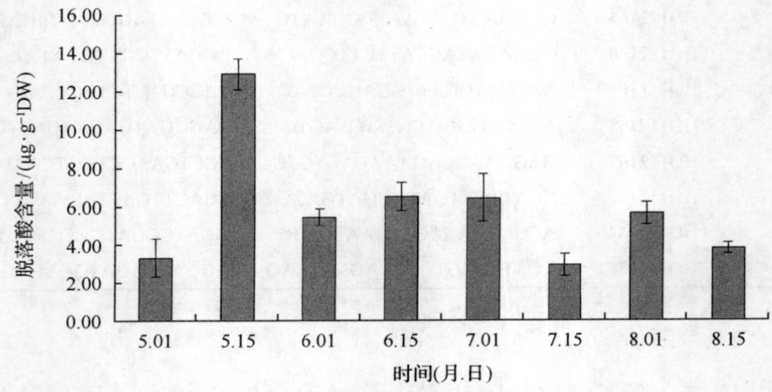

图 6-2 内源 ABA 含量时序变化

6.2.2 基因的克隆及表达分析

6.2.2.1 ABA 生物合成关键基因的克隆与序列分析

根据转录组文库中基因的功能注释，克隆并鉴定到 12 个可能的调控脱落酸生物合成的基因，分别为：5 个 *BpNCEDs*(9-*cis*-epoxycarotenoid dioxygenases)；1 个 *BpAAO*(ABA-aldehyde oxidase)；6 个 *BpZEPs*(zeaxanthin epoxidase)。这 12 个基因已经提交到 GenBank(登录号：HO112157-HO112168)(表 6-4)。

6.2.2.2 ABA 合成关键基因在 5 月 1 日的表达丰度分析

分析了白桦生长发育初期(5 月 1 日)嫩叶中克隆的 12 个调控 ABA 生物合成的单一基因的相对表达丰度(图 6-3)。本研究将表达量最低的基因的表达量设为 1，其 ΔCt 值最高。其余 11 个基因的表达量是以此基因表达量为标准量的比值。结果发现，同一采样时间内这 12 个基因的表达丰度有极显著差异。这些基因中 *BpNCED3* 在 5 月 1 日的表达丰度最低，设为标准量(图 6-3)。基因 *BpNCED5* 和 *BpAAO* 在 5 月 1 日的表达丰度很低，而 *BpNCED4* 的表达丰度最高，远远高于其他基因的表达量。

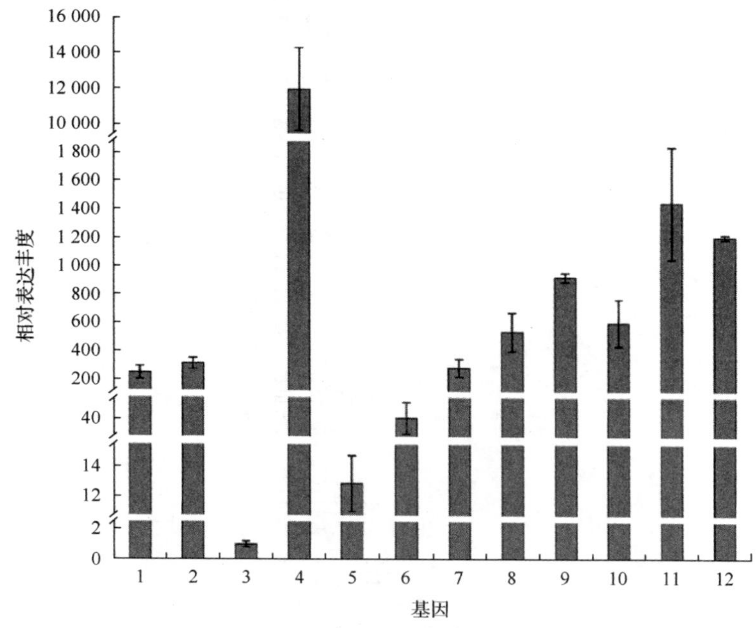

图 6-3 12 个脱落酸合成关键基因在 5 月 1 日的表达丰度

1～12 分别表示基因 *BpNCED1*、*BpNCED2*、*BpNCED3*、*BpNCED4*、*BpNCED5*、*BpAAO*、*BpZEP1*、*BpZEP2*、*BpZEP3*、*BpZEP4*、*BpZEP5* 和 *BpZEP6*

6.2.2.3 ABA 生物合成关键基因的时序定量表达分析

我们分析了白桦一个生长周期内(5～8 月)叶组织中与 ABA 生物合成相关的 12 个基因时序表达。这 12 个基因的时序表达模式大致分为 5 组(图 6-4)：第 1 组包括 *BpNCED1*、*BpNCED2*、*BpNCED4* 和 *BpZEP4* 四个基因，这四个基因的表达从 5 月 1 日到 5 月 15 日表现为下调，从 5 月 15 日开始上调至 7 月 15 日，然后再次下调；第 2 组只包括 *BpNCED3* 这 1 个基因，它在 5 月 1 日至 5 月 15 日的表达量较稳定，在 6 月表现为下调趋势，而在 7 月 1 日至 8 月 15 日期间再次表现为上调并在 8 月 15 日达到表达量的峰值；第 3 组包括 *BpNCED5* 和 *BpAAO* 两个基因，这两个基因从 5 月 15 日开始至 7 月 15 日

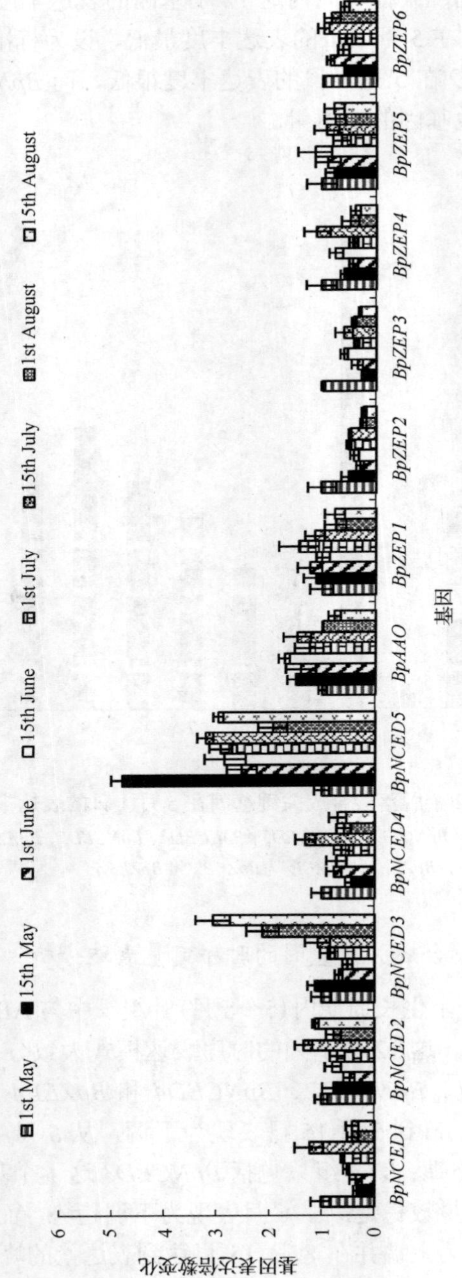

图6-4　12个ABA合成关键基因在一个生长周期内的时序表达

的表达为较强的上调趋势(图 6-4)；第 4 组包括 *BpZEP2* 和 *BpZEP3* 两个基因，这两个基因在 5 月 1 日表现为最高的表达量，然后这两个基因一直表现为下调趋势；最后一组包括 *BpZEP1*、*BpZEP5* 和 *BpZEP6* 三个基因，这三个基因的表达在 5 月 15 日至 8 月 15 日期间没有明显的变化。

6.2.3　ABA 含量与调控 ABA 合成关键基因表达量相关性分析

采用统计学软件 SPSS 中 Pearson 相关性分析方法分析了这 12 个调控 ABA 生物合成关键基因时序表达量和 ABA 含量之间的关系。结果表明(表 6-5)，其中有 3 个基因：*BpNCED4*，*BpNCED5* 和 *BpZEP6* 与内源 ABA 含量显著相关($P<0.05$)。其中 *BpNCED5* 与 ABA 水平显著正相关，而 *BpNCED4* 和 *BpZEP6* 与 ABA 水平显著负相关，说明这 3 个基因的表达量与 ABA 含量的变化密切相关。

表 6-5　ABA 水平与调控 ABA 生物合成关键基因表达的相关性分析

	BpNCED1	*BpNCED2*	*BpNCED3*	*BpNCED4*	*BpNCED5*	*BpAAO*
Pearson 系数	–0.586	–0.479	–0.223	–0.740[a]	0.727[a]	0.422
P	0.063	0.115	0.298	0.018	0.021	0.149
	BpZEP1	*BpZEP2*	*BpZEP3*	*BpZEP4*	*BpZEP5*	*BpZEP6*
Pearson 系数	0.214	–0.111	–0.528	–0.332	–0.231	–0.632[a]
P	0.306	0.397	0.089	0.211	0.291	0.046

a. 在 0.05 水平比较相关差异显著性。

6.3　讨　　论

6.3.1　内源 ABA 含量变化分析

Finkelstein 和 Gibson (2001) 认为，植物的叶组织是 ABA 生物合成的场所之一，因此叶组织可以用来检测植物体内源 ABA 的水平。本研究检测了白桦幼树不同生长发育时期枝端嫩叶中的内源 ABA 水平，结果表明白桦的内源 ABA 水平在一个生长周期中呈显著的变化。在 5 月 15 日，打破休眠后短时间内 ABA 水平增加了 3.64 倍，达到了 ABA 含量的峰值(图 6-2)。这可能与植物体内部的生理现象和外部环境因子的作用有关。在 5 月初，环境温度迅速增高、土壤的相对湿度减小，由于这些因素有利于叶中 ABA 的生物合成，因此，ABA 水平会从 30.5 nmol·g^{-1}DW 增高为 111 nmol·g^{-1}DW。这也符合 Ismail 等

(2002)的观点——ABA 的积累是由于叶组织生长过程中受到环境胁迫导致气孔关闭产生的。ABA 和糖的相互作用可以促进花芽分化及胚胎器官形成(Finkelstein and Gibson，2001)，白桦在 5 月初进入花芽分化和胚胎器官形成期，5 月 15 日检测到增高的 ABA 水平或许是由于叶中合成大量的 ABA。高的 ABA 水平会抑制营养物质从根和茎向生殖器官的运输，以及叶的扩展和枝的伸长(Kitsaki and Drossopoulos，2005)。然而，5 月 15 日以后至 6 月初，检测到的 ABA 水平明显降低并维持到 7 月中旬(图 6-2)，这期间白桦的叶、枝部位显著生长，表明低水平的 ABA 有利于枝的伸长和叶的扩展。ABA 也是种子成熟所必需的物质(Liu and Yang，2006)。在 8 月 1 日，种子发育趋于成熟，此时检测到的 ABA 水平稍有增高。另外，此阶段新发育的叶片逐渐减少，也可能与增高的 ABA 含量有关(López-Carbonell and Jáuregui，2005)，说明内源 ABA 在白桦一个生长周期中对其正常的生长发育非常重要，这与 López-Carbonell 和 Jáuregui(2005)的观点一致。

6.3.2　内源 ABA 生物合成关键基因时序表达分析

近来，在分子水平上 ABA 生物合成的研究取得了很大的进展(Seo and Koshiba，2002；Pagedegivry et al.，1997；Agustí et al.，2007；Milborrow，2001)。在拟南芥和其他植物中报道了 ZEP、NCED 和 AAO 在 ABA 生物合成途径中起到重要作用(Nambara and Marion-Poll，2003；Agustí et al.，2007)。本研究检测了内源 ABA 水平的时序变化并分析了 3 个可能参与 ABA 生物合成的基因 *BpZEP*、*BpNCED* 和 *BpAAO* 的时序表达，采用统计学方法对 ABA 含量时序变化和基因时序表达量进行 Pearson 相关性分析，结果表明，其中的 3 个基因 *BpNCED4*、*BpNCED5* 和 *BpZEP6* 与内源 ABA 水平呈显著相关(P＜0.05)，表明白桦叶中的 *BpNCED* 和 *BpZEP* 基因调控 ABA 的生物合成，这与 Ren 等(2007)的观点(基因 *ZEP* 和 *NCED* 调控 ABA 的生物合成)相一致。

植物的 *NCED* 基因属于类胡萝卜素双加氧酶基因家族，参与在环氧类胡萝卜素多位点的类胡萝卜素骨架的裂解反应(Sangwang et al.，2010)。*NCED* 基因被认为是叶中 ABA 合成的限速酶，并具有引发 ABA 合成的作用(Seo and Koshiba，2002；Zhang et al.，2009；Sangwang et al.，2010)。番茄中的 *LeNCED1* 基因过表达导致叶中过量产生 ABA(Seo and Koshiba，2002)，而且 *OsNCED*、*PpNCED1* 和 *VVNCED1* 等基因的表达也与 ABA 的合成密切相关(Ren et al.，2007；Zhang et al.，2009；Sangwang et al.，2010)。在拟南芥中，*AtNCED3* 基因被认为在叶组织受胁迫时起主要作用；*AtNCED6* 和 *AtNCED9* 基因在种

子发育时参与 ABA 的合成；而 *AtNCED5* 基因可能在富含色质体的器官中参与 ABA 的合成(Boyd et al.，2009；Zhang et al.，2009；Sangwang et al.，2010)。*NCED* 基因属于多基因家族，我们在白桦中克隆了 5 个白桦 *BpNCED* 基因家族的成员。这 5 个基因在 5 月 1 日的表达丰度存在着极大的差异，而且它们的时序表达模式也存在不同。研究结果说明这些基因可能有着不同的功能。Pearson 相关分析结果表明，白桦 *BpNCED4* 和 *BpNCED5* 基因的时序表达与 ABA 水平的时序变化显著相关，而且这两个基因似乎在 ABA 合成过程中起不同的作用。*BpNCED4* 基因对 ABA 的积累起着副作用，而 *BpNCED5* 基因却正调控 ABA 的生物合成。这个结果与其他研究结果一致，即 *AtNCED3*、*OsNCED*、*PpNCED1* 和 *VVNCED1* 基因的表达与 ABA 含量相关(Ren et al.，2007；Zhang et al.，2009；Sangwang et al.，2010)，而且，有研究认为并不是所有 *NCED* 基因都有正调控 ABA 合成的作用(Sangwang et al.，2010)。我们的研究也得到类似的结果，基因 *BpNCED1*、*BpNCED2* 和 *BpNCED3* 的表达并不与 ABA 生物合成显著相关，说明 NCED 基因有着不同的功能，只有部分基因参与 ABA 的生物合成。

玉米黄素环氧化酶(zeaxanthin epoxidase，ZEP)催化玉米黄素形成花药黄素和堇菜黄素，这也是 ABA 生物合成和叶黄素循环的一个重要步骤(Seo and Koshiba，2002；Agustí et al.，2007；Nowicka et al.，2009)。另外，研究表明种子发育过程中，基因 *NpZEP* 的表达与内源 ABA 水平密切相关(Frey et al.，2006；Ren et al.，2007)。我们的研究结果表明，白桦 *BpZEP6* 基因的表达与 ABA 水平显著负相关，说明它对 ABA 的生物合成起负调控作用。然而，有的研究认为 *ZEP* 基因在水胁迫的叶片中的表达与内源 ABA 水平相关性不大，例如，近来有研究认为 *ZEP* 基因的过表达并不影响 ABA 的基础水平，但增加了 ABA 在干旱胁迫条件下积累的敏感性(Ren et al.，2007)。我们的研究结果与此一致，多数白桦的 *BpZEP* 基因(除了 *BpZEP6* 基因)均与 ABA 水平无关，认为由于 *ZEP* 基因家族的成员有着不同的功能，并不是所有的 *ZEP* 基因都参与 ABA 的合成，所以白桦的 *BpZEP* 基因在 ABA 合成过程中可能起着不同的作用。

6.4 本 章 小 结

本章采用 LC-MS/MS 方法检测了白桦幼树嫩叶中内源 ABA 水平的时序变化。白桦一个生长周期中，采集的 8 个嫩叶样品中均检测到内源 ABA，并且 ABA 水平的时序变化表现出很大差异，为先升高、降低，再升高、降低，又升高、降低的变化趋势。在 5 月 15 日达到 ABA 含量的峰值。

克隆并鉴定出 12 个调控 ABA 生物合成的关键基因，分别为：5 个 *BpNCED*（9-*cis*-epoxycarotenoid dioxygenases）；1 个 *BpAAO*（ABA-aldehyde oxidase）；6 个 *BpZEP*（zeaxanthin epoxidase）。GenBank 登录号：HO112157～HO112168。

分析了这 12 个基因在生长初期（5 月 1 日）的表达丰度和一个生长周期内的时序表达模式，结果表明，在白桦生长发育初期，这些基因的表达丰度存在极显著的差异。*BpNCED3* 的表达丰度最低，*BpNCED4* 的表达丰度最高。在整个生长周期，这 12 个基因的表达模式存在很大差异，其中 *BpNCED1*、*BpNCED2*、*BpNCED4* 和 *BpZEP4* 四个基因的表达模式相近；*BpNCED5* 和 *BpAAO* 两个基因的表达模式相近；*BpZEP2* 和 *BpZEP3* 两个基因的表达模式相近；*BpZEP1*、*BpZEP5* 和 *BpZEP6* 三个基因的表达模式相近；而基因 *BpNCED3* 表现出自己不同的表达模式。

采用 Pearson 相关性分析方法对这 12 个基因的时序表达与 ABA 水平的时序变化进行分析，结果表明，白桦幼树嫩叶中的 3 个基因 *BpNCED4*、*BpNCED5* 和 *BpZEP6* 的时序表达与 ABA 水平的时序变化显著相关（$P < 0.05$）。其中，基因 *BpNCED5* 与 ABA 水平呈显著正相关，*BpNCED4* 和 *BpZEP6* 与 ABA 水平呈显著负相关。

7　白桦内源吲哚乙酸含量和 *BpGH3* 基因家族的表达分析

生长素(auxin)是最早被发现的植物激素，其参与许多生理生化过程的调节与控制，具有十分广泛的生理作用。例如，叶、根和茎的生长发育，维管束组织的形成和分化发育，器官的衰老，顶端优势，植物的向性生长等。吲哚乙酸(indole-3-acetic acid，IAA)为英国籍科学家 Darwin 父子在金丝雀虉草胚芽鞘向光性试验中首先发现的生长素，目前已经证实其不仅存在于高等植物中，还存在于细菌、真菌和藻类中。植物体中生长素类物质以 IAA 为主。虽然现在有关生长素生物合成信号途径和代谢的研究得到了比以前较为详细的资料，但是目前提出的植物 IAA 生物合成的多条途径(包括几个色氨酸依赖途径和非色氨酸依赖途径)的分子信号和生理作用尚未完全清楚(Sugawara et al.，2009；Nonhebel et al.，2011)。

近年来随着植物分子生物学和生物化学的发展，生长素响应基因、生长素结合蛋白、输出载体基因的克隆及其作用机制等方面的研究快速发展。尤其是对生长素响应基因 *GH3* 家族成员的研究，让我们对植物生长素信号转导途径、生长素与其他激素信号之间的相互作用，以及生长素与植物对胁迫的适应关系均产生新的认识(Guilfoyle，1999；孙涛等，2008)。

本研究检测了白桦幼树嫩叶中一个生长发育周期内 IAA 含量的时序变化，并从白桦幼树嫩叶中克隆了 9 个 *BpGH3* 生长素响应基因，采用统计学方法对 IAA 含量变化与生长素响应基因 *BpGH3* 的表达量进行 Pearson 相关性分析，结果将为进一步研究 IAA 对白桦生长发育的促进作用奠定基础。

7.1　材料与方法

7.1.1　材料

7.1.1.1　植物材料

2009 年 5～8 月，按 8 个采样时间于下午 13：00，在东北林业大学白桦强化种子园采集自然条件下生长的 4 年树龄的白桦幼树枝端嫩叶；样品采集后立即置于液氮中，储存于–80℃冰箱中备用。

7.1.1.2 实验药品

实验中使用的药品和试剂见表 7-1。

表 7-1 实验药品

药品名称	规格	生产厂家
GA_3	色谱用对照品	Sigma 公司
IAA	色谱用对照品	Sigma 公司
ABA	色谱用对照品	Sigma 公司
ZT	色谱用对照品	Sigma 公司
4-(3-indolyl) butyric acid，IBA	色谱用对照品	Sigma 公司
甲醇	色谱纯	Aupos 公司
甲醇	分析纯	南京化学试剂股份有限公司
乙酸乙酯	分析纯	南京化学试剂股份有限公司
无水乙醇	分析纯	南京化学试剂股份有限公司
石油醚(30～60)	分析纯	南京化学试剂股份有限公司
乙醇	分析纯	天津市医药公司
丙酮	分析纯	南京化学试剂股份有限公司
正丁醇	分析纯	天津市医药公司
乙酸	分析纯	南京化学试剂股份有限公司
液氮		
去离子水		实验室自制备

7.1.1.3 实验仪器

实验室工作中使用的主要仪器和设备见表 7-2。

表 7-2 实验仪器设备

仪器名称	生产厂家
高效液相色谱系统	
Waters 2695 分离模块	Waters Co. USA

续表

仪器名称	生产厂家
Waters 2996 二极管阵列检测器	Waters Co. USA
Atlantic dC18 液相色谱柱（150 mm × 4 mm，5 μm）	Waters Co. USA
Empower Pro 色谱操作系统	Waters Co. USA
固相萃取柱（C18 Box 50 × 3 ml tubes，200 mg）	SPE-PAK Cartridges，Agilent
真空冻干仪	中山市豪通电器有限公司
电冰箱	合肥美菱股份有限公司
超声振荡清洗仪	昆山市超声仪器有限公司
研钵	巩义市颖辉高铝瓷厂
101 型电热鼓风干燥箱	北京市永光明医疗仪器厂
Centrifuge 5418 小型离心机	上海化工机械厂有限公司
超纯水制备设备	北京盈安美诚科学仪器有限公司
移液器（1000 μl）	Eppendorf
移液器（20～200 μl）	Eppendorf
制冰机	上海因纽特制冷设备有限公司
分析天平	沈阳龙腾电子有限公司
0.45 μm 过滤器	Waters Co. USA
0.22 μm 滤膜	Waters Co. USA
移液管（10 ml）	北京博美玻璃仪器厂
量筒（250 ml）	北京博美玻璃仪器厂
容量瓶（1000 ml）	北京博美玻璃仪器厂
量杯（25 ml）	北京博美玻璃仪器厂
烧杯（500 ml）	北京博美玻璃仪器厂
自动进样瓶	Waters Co. USA
离心管（1.5 ml）	北京博美玻璃仪器厂
离心管（2 ml）	北京博美玻璃仪器厂
离心管（10 ml）	北京博美玻璃仪器厂
离心管（500 ml）	北京博美玻璃仪器厂

7.1.2 实验方法

7.1.2.1 白桦内源 IAA 的提取方法

采用 Pan 等(2008)的激素提取方法并稍有改动，提取溶剂为 100%甲醇。精确称取样品 1.000 g(FW)，迅速置于液氮中研磨成细粉，在 0～4℃用 3 ml 100%甲醇溶液提取，提取液中加入 50 $ng \cdot ml^{-1}$ 内标物(IBA)，涡旋振荡 10 min，12 000 $r \cdot min^{-1}$ 4℃离心 10 min，收集上清液，残渣用 2 ml 甲醇按上法再次提取，将两次获得的上清液合并后用氮吹仪浓缩为 1 ml，置–40℃冰箱中放置 24 h，12 000 $r \cdot min^{-1}$ 4℃离心 10 min 后收集上清液，再次定容至 1.0 ml，0.45 μm 过滤后备用。

7.1.2.2 白桦内源 IAA 的检测方法

色谱条件：流动相的流速为 1 $ml \cdot min^{-1}$；色谱柱柱温为 25℃；进样量为 10 μl；样品间的进样延迟为 5 min。流动相由甲醇(A)和加入 0.1%(*V*/*V*)乙酸的水溶液(B)二相组成，梯度洗脱条件设为：0～5 min，45%(A)；5～10 min，65%(A)；10～15 min，65%(A)；15～16 min，45%(A)；16～20 min，45%(A)。

质谱条件：采用 API3000 三重四极杆质谱仪检测，操作模式为负离子模式，由注入仪器中的 IAA 和 IS 对照品溶液获得这两种物质的二级质谱谱图。电喷雾离子源(ESI)条件如下：雾化气(Nebulize gas，NEB)、气帘气(Curtain gas，CUR)分别为 10 psi 和 12 psi；电喷雾电压(ionspray voltage，IS)为–4500 V；离子源温度设为 300℃；聚焦电压(focal potential，FP)和碰撞室入口电压(entrance potential，EP)分别为–375 V 和–10 V。其他检测 IAA 和 IS 的 CID-MS/MS 优化参数[包括去簇电压(declustering potential，DP)、碰撞能量(collision energy，CE)和碰撞室出口电压(collision export potential，CXP)见表 7-3。Analyst 软件(1.4 版本)用来进行数据处理。

表 7-3 优化的检测 IAA 的 MS/MS 参数

	MRM	DP/V	CE/V	CXP/V
IAA	174.1→130.0	–75	–16	–7
IS	202.2→116.0	–105	–25	–6

注：MRM，多反应监测模式(multiple reaction monitoring mode)；DP，去簇电压(declustering potential)；CXP，碰撞室出口电压(collision export potential)；CE，碰撞能量(collision energy)

7.1.2.3 白桦 4 年树龄幼树内源 IAA 含量的时序变化分析

采用 7.1.2.1 的激素提取方法，利用 7.1.2.2 的 LC-MS/MS 色谱系统、色谱及质谱条件，检测 2009 年 5 月至 8 月采集的自然条件下生长的 4 年树龄白桦幼树枝端嫩叶中 IAA 的含量。

7.1.2.4 IAA 生物合成关键基因的克隆与序列分析

本实验的前期工作中已构建了白桦枝端叶芽的转录本文库。利用 BLASTX 和 BLASTN 对基因进行功能注释。目前，吲哚乙酸生物合成的途径尚未完全研究清楚，但其信号转导途径的调控基因 *GH3* 家族的多个成员已经在多种植物中克隆，多数基因的功能已经明确。本研究结合 GenBank 已有的相关基因进行筛选。

7.1.2.5 实时荧光定量 RT-PCR

1) 总 RNA 的制备与纯化

采用 CTAB 法分别提取在 5 月 1 日、5 月 15 日、6 月 1 日、6 月 15 日、7 月 1 日、7 月 15 日、8 月 1 日、8 月 15 日下午 13:00 左右采集的 4 年生白桦枝端嫩叶组织的总 RNA，样品共 3 次生物学重复以保证结果的重现性。按照如下方法提取 RNA。

(1) 在 1.5 ml Eppendorf 离心管中加入 2×CTAB 和 β-巯基乙醇共 0.70 ml，组织样品在液氮中磨成细粉后加入离心管中，65℃、5 min；冰上放置 2 min 后，12 000 $r \cdot min^{-1}$ 离心 10 min。

(2) 取上清，在上清液中分别加入水饱和酚和氯仿各 0.3 ml，剧烈振荡 5 min，离心 10 min，取上清；重复操作 2 次。

(3) 加氯仿 0.6 ml，振荡 5 min 后离心 10 min。

(4) 在保留的上清液中加 0.5 倍体积的无水乙醇、0.5 倍体积的 8 mol/L LiCl，冰浴 10 min，离心 10 min，弃上清，气干后获得沉淀的 RNA。沉淀物溶于 DEPC 水中待用。

(5) 按照 TaKaRa 公司 Recombinant DNase I (RNase-free) 试剂盒说明书消化总 RNA 中污染的 DNA。在 PCR 管中分别加 4 μl 10×DNase Ⅰ Buffer、7 U DNase Ⅰ 和 20 μg 总 RNA，加 DEPC 水至 40 μl，37℃孵育 1 h。

(6) 在 1.5 ml 离心管中将反应液用水饱和酚-氯仿抽提 2 次；取上清，加入 3 倍体积无水乙醇和 0.1 倍体积的 NaAc 溶液，–80℃放置 10 min，离心后弃上清。

(7)气干后将获得的 RNA 溶于一定量的 DEPC 处理水中。

(8)采用琼脂糖凝胶电泳检测获得的 RNA 质量，并对 RNA 做纯度检测及定量。

2) cDNA 第一链合成

取总 RNA 0.5 μg，采用 TaKaRa 公司 PrimeScript™ RT Reagent Kit 试剂盒，按说明合成 cDNA。将合成的产物加 DEPC 水稀释 10 倍，作为 qRT-PCR 模板。

3) 实时定量 RT-PCR

使用 Toyobo 公司试剂盒 SYBR Green Realtime PCR Master Mix 进行 qRT-PCR。用 *Bpactin*、*Bptublin* 和 *BpUBQ* 3 个基因作为内参基因。实时荧光定量 RT-PCR 的引物序列见表 7-4。反应体系为：2×SYBR Green Realtime PCR Master Mix 10 μl，正反向引物溶液(10 $\mu mol \cdot L^{-1}$)各 1 μl、样品的模板(相当于 100 ng 总 RNA) 2 μl，用去离子水补足至 20 μl。定量 PCR 反应条件为：94℃ 30 s；94℃ 12 s，58℃ 30 s，72℃ 45 s；79℃读板 1 s，45 个循环。实时定量 RT-PCR 对每个样品进行了 9 个独立的实验(3 个生物学重复和 3 个技术重复)。

表 7-4 *BpGH3*基因 qRT-PCR 引物表

基因名称	基因库登录号	正向引物	反向引物
BpGH3.3	HO112186	TGCTCAGCATCGATTCCGAC	CCAAACAGCACTGGTTCAGC
BpGH3.5a	HO112182	GAACTGCTACAACTAATGTC	CATCCCTAATATCAGTGCAC
BpGH3.5b	HO112187	AGGTCTCTACCGGTATAGGC	GGATTTGTCAACATGGCTAG
BpGH3.5c	HO112189	ACTTCGCCGGATTCTTGAGC	AACTTAAGGAGAGAGTTGTC
BpGH3.6a	HO112185	CCTGTGTTATCTGGAGACTAC	AATATCGCCTAATCGGTATC
BpGH3.6b	HO112188	TCAAGAGCTGCAGTTCCTCC	CCATCCAAAGATACAGTGAC
BpGH3.6c	HO112190	CGGCATAGCTTGTATATTCG	TATGAGCTTGTCGTGACCAC
BpGH3.9a	HO112183	GATCAACTTCATGGATCTAC	TAGATTTGATGCACCTAGGC
BpGH3.9b	HO112184	CTGTCCTTGCACAGTATAGC	TGCAGAAGATCTTGACAGGC
Actin	HO112155	GCATTGCTGATAGGATGAGC	CCACTTGATTAGAAGCCTCTC
β-tubulin	HO112154	ACGCCAAACCCTAAATCTGG	GGATCGGATGCTGTCCATG
ubiquitin	HO112156	CCATCTGGTGCTAAGACTGAG	AGGACCAGATGGAGAGTGC

7.1.2.6 数据分析

采用 $2^{-\Delta\Delta Ct}$ 方法进行基因表达的相对定量分析(Livak and Schmittgen, 2001)。此公式中的 Ct 是热循环仪检测的反应体系中荧光信号的强度值，

$\Delta\Delta Ct=(Ct_1-Ct_2)_{\text{I}}-(Ct_1-Ct_2)_{\text{II}}$，公式中 Ct_1 为目的基因 Ct 值 9 个重复的平均数，Ct_2 为 3 个内参基因 Ct 值 9 个重复的平均数；I 为不同时间采集的样品，II 为 5 月 1 日采集的样品。即 $2^{-\Delta\Delta Ct}$ 表示的是采集的不同样品目的基因的表达量相对于 5 月 1 日采集样品表达量的变化倍数，使用此法能获得目的基因相对于所有 3 个内参基因的表达量。数据分析使用软件 Excel 2007(Microsoft Company，USA)。采用 SPSS 16.0 软件(SPSS Inc.，IBM Company，USA)进行 Pearson 相关分析，分析 IAA 信号转导途径中早期响应基因 *BpGH3* 表达模式及其与内源 IAA 含量的相关性。数值采用平均值±标准偏差来表示。

7.2 结果与分析

7.2.1 内源 IAA 含量的时序变化分析

检测的 4 年树龄白桦在一个生长周期内不同时期嫩叶中内源 IAA 含量的时序变化见图 7-1。游离的内源 IAA 水平经历了一个从低到高，再降低，又升高的过程。在白桦的生长初期(5 月 1 日)，游离的内源 IAA 含量为 0.359 $\mu g \cdot g^{-1}$ FW，从此时刻起，IAA 的含量逐渐升高，直到 6 月 1 日达到其含量的峰值 2.91 $\mu g \cdot g^{-1}$ FW，为生长初期 IAA 含量的 8 倍多。从 6 月 1 日至 7 月 1 日，IAA 水平维持在一个相对稳定的水平，而从 7 月 1 日起 IAA 含量经历了一个不断下降的过程，至 8 月 1 日降至 0.531 $\mu g \cdot g^{-1}$ FW，然后，在 8 月 15 日 IAA 水平又升高到了 1.327 $\mu g \cdot g^{-1}$ FW(图 7-1)。

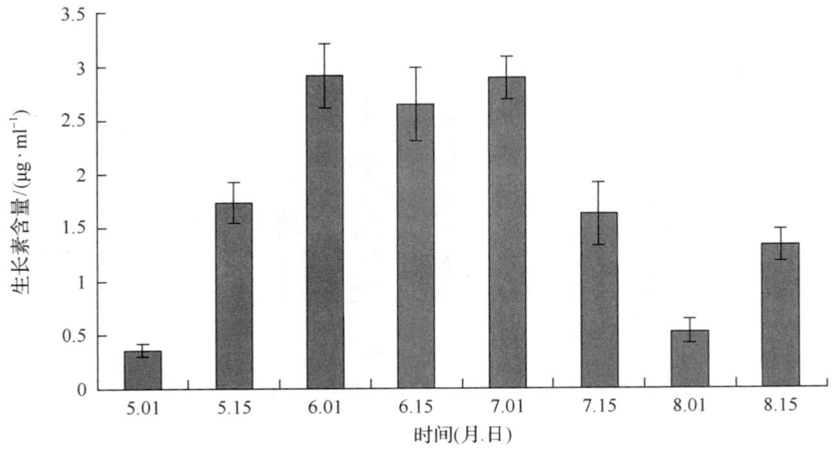

图 7-1 白桦嫩叶中内源 IAA 含量的时序变化

7.2.2　基因的克隆与分析

7.2.2.1　生长素响应基因 *BpGH3* 家族的克隆与序列分析

我们利用 Solexa 技术建立了白桦茎尖和花芽尖的转录本文库，获得了 2320 条长度大于 300 bp 的基因序列，并鉴定出 9 个可能的生长素响应基因 *BpGH3*(Gretchen Hagen3，GH3)，分别为：1 个 *BpGH3.3*，3 个 *BpGH3.5*，3 个 *BpGH3.6*，2 个 *BpGH3.9*。这 9 个基因已经提交到 GenBank(登录号：HO112182-HO112190)(表 7-4)。

7.2.2.2　生长素响应基因 *BpGH3* 家族在 5 月 1 日的表达丰度分析

分析了 4 年树龄的白桦在早期发育阶段(5 月 1 日)嫩叶中克隆的 9 个生长素响应基因 *BpGH3* 的相对表达丰度(图 7-2)。本研究以表达量最低的基因

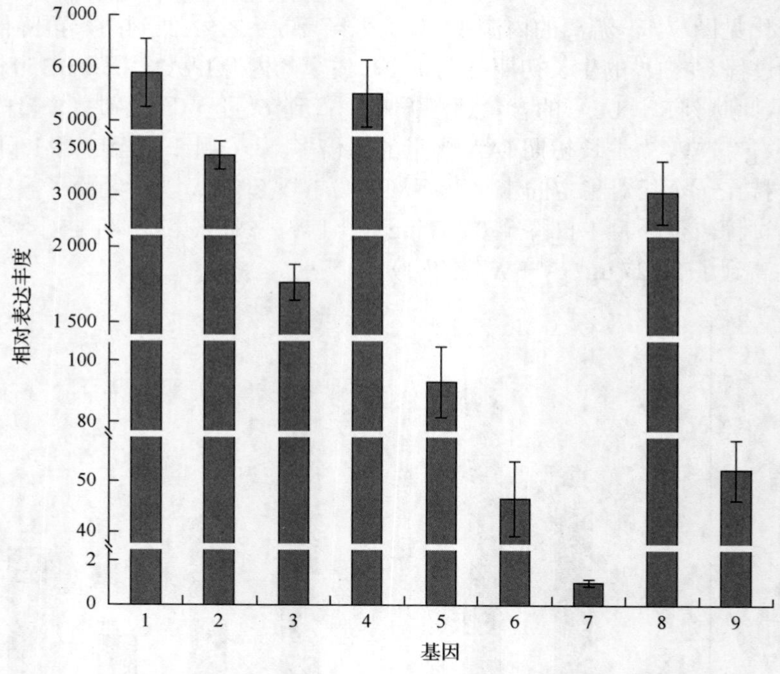

图 7-2　生长素响应基因在 5 月 1 日的表达丰度

1～9 分别表示基因 *BpGH3.3*、*BpGH3.5a*、*BpGH3.5b*、*BpGH3.5c*、*BpGH3.6a*、*BpGH3.6b*、*BpGH3.6c*、*BpGH3.9a*、*BpGH3.9b*

表达量为 1，其 ΔCt 值最高。其余 8 个基因的表达量是以此基因表达量为标准量的比值。结果发现，同一采样时间内这 9 个基因的表达丰度有着极显著差异。这些基因中 *BpGH3.6c* 在 5 月 1 日的表达丰度最低，设为标准量(图 7-2)。基因 *BpGH3.6a*、*BpGH3.6b* 和 *BpGH3.9b* 在 5 月 1 日的表达丰度很低。而 *BpGH3.3* 和 *BpGH3.5c* 的表达丰度最高，远远高于其他基因的表达丰度。同时，基因 *BpGH3.5a* 和 *BpGH3.9a* 也大量表达，它们的表达丰度高于基因 *BpGH3.6c* 3000 多倍。

7.2.2.3　生长素响应基因 *BpGH3* 家族的时序定量表达分析

分析了 4 年树龄的白桦在一个生长周期内 9 个 *BpGH3* 基因的时序表达，根据这些基因表达的模式将其大致分为 5 组(图 7-3)：第 1 组只有 *BpGH3.9b* 基因，这个基因从 5 月 1 日至 6 月 1 日的表达为上调，6 月 15 日表达为下调，然而，从 7 月 1 日至 8 月 15 日的表达维持相对稳定的状态；第 2 组包括 *BpGH3.6a* 和 *BpGH3.6b* 这两个基因，这两个基因在 5 月 15 日的表达量达到峰值，然后开始下调。在 6 月 1 日至 7 月 15 日期间，这两个基因的表达量维持在一个相对稳定的状态，8 月 1 日它们的表达为下调，而 8 月 15 日又再次上调，这两组基因的表达模式与 IAA 含量的时序变化模式相近；第 3 组包括 *BpGH3.3*、*BpGH3.5a*、*BpGH3.5b* 和 *BpGH3.9a* 四个基因，它们的表达从 5 月 15 日至 7 月 15 日表现为下调，7 月 15 日再次上调，8 月又下调至接近 5 月 15 日的水平。这第 3 组的基因表达模式与 IAA 水平的时序变化模式正好相反；第 4 组只包括 *BpGH3.6c* 这一个基因，这个基因在 5 月 15 日的表达极度上调并达到峰值，6 月下调，7 月至 8 月一直维持上调表达；第 5 组包括 *BpGH3.5c* 基因，它的表达在 5 月 15 日下调，6 月 1 日上调，之后直到 8 月 15 日维持一个相对稳定的表达状态。

7.2.3　生长素响应基因 *BpGH3* 家族的表达与 IAA 含量相关性分析

我们采用统计学 Pearson 相关性分析方法，分析了白桦嫩叶中克隆的 9 个 *BpGH3* 基因的时序表达与内源 IAA 水平时序变化的关系，结果表明(表 7-5)：在这些 *BpGH3* 基因中，*BpGH3.5a*($P<0.01$)，*BpGH3.5b*($P<0.01$)，*BpGH3.9a*($P<0.01$)和 *BpGH3.3*($P<0.05$)4 个基因的表达与内源 IAA 水平的时序变化显著相关。而且，这些基因的表达均与 IAA 水平呈负相关，说明这些基因可以通过负反馈作用来调控 IAA 的生物合成(表 7-5)。

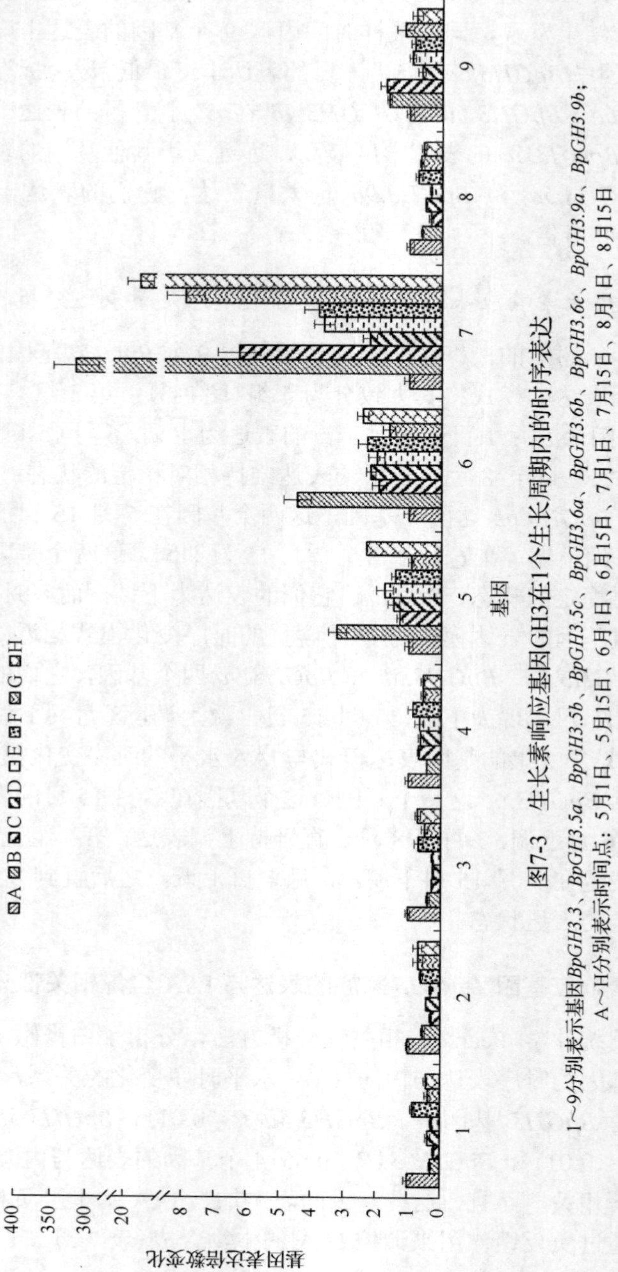

图7-3 生长素响应基因GH3在1个生长周期内的时序表达

1～9分别表示基因*BpGH3.3*、*BpGH3.5a*、*BpGH3.5b*、*BpGH3.5c*、*BpGH3.6a*、*BpGH3.6b*、*BpGH3.6c*、*BpGH3.9a*、*BpGH3.9b*；

A～H分别表示时间点：5月1日、5月15日、6月1日、6月15日、7月1日、7月15日、8月1日、8月15日

表 7-5 生长素响应基因 *BpGH3* 的表达量与内源 IAA 水平的相关性分析

	BpGH3.3	*BpGH3.5a*	*BpGH3.5b*	*BpGH3.5c*	*BpGH3.6a*
Pearson 系数	–0.644*	–0.931**	–0.826**	–0.230	0.190
P	0.043	0.000	0.006	0.292	0.326
	BpGH3.6b	*BpGH3.6c*	*BpGH3.9a*	*BpGH3.9b*	
Pearson 系数	0.236	–0.017	–0.858**	0.125	
P	0.287	0.484	0.003	0.384	

* 在 0.05 水平比较差异显著性；**在 0.01 水平比较差异显著性。

7.3 讨 论

7.3.1 内源 IAA 水平时序变化分析

植物的生长素主要是在嫩叶中合成并被转运到整个植物体中(Tromas and Perrot-Rechenmann，2010)，所以白桦嫩叶是我们检测内源 IAA 水平和 *BpGH3* 基因表达水平的适宜材料。我们分析了白桦生长不同时期嫩叶中内源 IAA 水平的时序变化，结果表明，在白桦 1 个生长周期内，所有采样点的样品中均检测到 IAA，说明 IAA 对白桦正常的生长发育非常重要，并且叶中的内源 IAA 水平呈显著变化。5 月 15 日至 6 月 1 日期间，IAA 水平急剧上升 8 倍多，达到了整个生长周期的峰值(图 7-1)，这个现象可能与植物体内部的生理现象和外部的环境影响因子有关。早春时节为了根和花的发育、叶的扩展、枝的伸长，合成的 IAA 不断地被动运输(Xiao et al.，2008；Tromas and Perrot-Rechenmann，2010)。由于 IAA 主要在叶中合成，嫩叶中的 IAA 成为此阶段白桦生长发育的主要资源(Berleth et al.，2006，Overvoorde et al.，2010)。5 月 5 日至 6 月 1 日，叶中合成的生长素 IAA 会经过长距离的运输达到根部，由生长素运输载体介导 IAA 在根部重新分配(Guo et al.，2005；Overvoorde et al.，2010)。因此，此阶段叶中的 IAA 含量迅速增加以满足 IAA 向其他发育迅速的组织运输。另一方面，从 5 月至 6 月，增加的 IAA 含量也可能与哈尔滨的空气温度迅速增高和光照强度迅速增强有关。而 6 月 1 日至 7 月 1 日期间，白桦叶中的 IAA 维持相对高和稳定的水平(图 7-1)，是因为此阶段新叶迅速萌发扩展，树枝迅速萌发伸长需要大量的 IAA，由于此阶段细根迅速生长达到最大量(Xiao et al.，2008)，所以迅速增加的根产量也应是 IAA 水平增高的原因。8 月 15 日，IAA 水平再次升高是由于腋芽发育和种子成熟脱落需要

IAA 的参与。

7.3.2 生长素响应基因 *BpGH3* 的克隆与分析

生长素在植物生长发育的许多方面起着不同的作用(Wan et al., 2010)，由于过高的 IAA 含量会抑制植物的生长发育进程(Ludwigmüller et al., 2009)，维持和调控适当的IAA 水平是极为重要的。为维持植物体内稳态的IAA 水平，部分 IAA 以结合氨基酸的形式存在，*GH3* 基因家族的部分成员参与了 IAA 结合氨基酸的反应(Campanella et al., 2003; Terol et al., 2006)，说明 *GH3* 基因对 IAA 水平起着调控作用。本研究采用 Pearson 相关性分析方法对 IAA 水平的时序变化与 *BpGH3* 基因时序表达进行分析，结果 4 个 *BpGH3* 基因，即 *BpGH3.5a*($P < 0.01$)、*BpGH3.5b*($P < 0.01$)、*BpGH3.9a*($P < 0.01$) 和 *BpGH3.3*($P < 0.05$)的表达与内源 IAA 水平呈显著的负相关(表 7-5)，说明这些基因与 IAA 的生物合成起着相反的调控作用。我们的研究结果与 Staswick 等(2005)和 Park 等(2007)的结果一致，在拟南芥中，内源生长素水平可能受到编码生长素结合酶的 *GH3* 基因的负反馈作用的调控。

Wang 等(2008)的研究结果表明，拟南芥的 *AtGH3* 基因的表达与生长素水平相关，而且 *AtGH3.5* 基因的表达受到生长素水平的诱导。我们的研究结果表明，*BpGH3.5a* 和 *BpGH3.5b* 基因的表达与内源IAA 水平呈显著的负相关，说明这些基因对游离 IAA 水平起到负的调控作用，这个结果与 Staswick 等(2005)和 Wang 等(2008)的结果一致，拟南芥的 *AtGH3.5* 基因导致 IAA-Asp 含量的增加(Staswick et al., 2005, Wang et al., 2008)，使游离的 IAA 与 Asp 结合，从而减少了游离 IAA 的水平。

BpGH3.9a 基因的相对表达丰度极显著地高于 *BpGH3.9b* 基因的表达丰度(图 7-2)，而且 *BpGH3.9a* 基因的表达与内源 IAA 水平呈显著的负相关($P < 0.01$)(表 7-5)，说明白桦叶中只有 *BpGH3.9a* 基因而不是 *BpGH3.9b* 基因参与 IAA 水平的调控作用。这与 Khan 和 Stone(2008)的研究结果一致，即拟南芥种苗发育过程中 *AtGH3.9* 基因的表达受到外施低浓度的 IAA 的下调，说明与多数其他Ⅱ类的 *GH3* 基因一样，*AtGH3.9* 基因的表达受生长素水平的抑制。这些结果表明 *GH3* 基因受到生长素调控转录激活的基本原理并证明 *GH3* 基因家族的一些成员对 IAA 的生物合成起到负调控的作用。

7.4 本 章 小 结

本章采用LC-MS/MS方法检测了白桦幼树嫩叶中游离IAA水平的时序变化，白桦一个生长周期中，采集的8个嫩叶样品中均检测到内源IAA，并且IAA水平的时序变化表现出很大差异，为从低到高，再降低，又升高的过程。在6月1日和7月1日，IAA含量处在最高水平。

克隆并鉴定出9个生长素响应基因 *BpGH3*(Gretchen Hagen3)，分别为：1个 *BpGH3.3*，3个 *BpGH3.5*，3个 *BpGH3.6*，2个 *BpGH3.9*。GenBank登录号：HO112182～HO112190。

分析了这9个基因在生长初期的表达丰度和一个生长周期内的时序表达模式。在白桦生长发育初期(5月1日)，这些基因的表达量存在极显著差异，基因 *BpGH3.6c* 的表达丰度最低，基因 *BpGH3.3* 的表达丰度最高。在整个生长周期，这9个基因的表达模式存在很大差异，其中 *BpGH3.6a* 和 *BpGH3.6b* 这两个基因的表达模式相近；*BpGH3.3*、*BpGH3.5a*、*BpGH3.5b* 和 *BpGH3.9a* 四个基因的表达模式相近；其他的 *BpGH3.5c* 基因、*BpGH3.6c* 基因和 *BpGH3.9b* 基因表现为各自不同的表达模式。

采用Pearson相关性分析方法对这些 *BpGH3* 基因的时序表达与IAA水平的时序变化进行分析，结果表明：白桦幼树嫩叶中的4个基因 *BpGH3.5a*($P<0.01$)、*BpGH3.5b*($P<0.01$)、*BpGH3.9a*($P<0.01$)和 *BpGH3.3*($P<0.05$)的时序表达与IAA水平的时序变化显著相关。而且，这些基因的表达均与IAA水平呈负相关，说明这些基因可以通过负反馈作用来调控IAA的生物合成。

8 结　论

内源激素的调控对林木植物的生长发育起着非常重要的作用，它们在多方面分别或相互协调地调控植物的生长、发育与分化。白桦(*Betula platyphylla* Suk.)是喜光、耐寒、耐贫瘠树种，具有天然更新快、地理分布范围广、适应性强、蓄积量大等特点，是我国极为重要的经济树种之一，在工业、餐饮业和医药业都有极为广泛的用途，并且被认定为园林绿化、城市林业绿化通道工程首选树种之一，同时还是我国东北地区和内蒙古非常重要的造林树种。

本书优化了激素提取和含量检测方法，利用优化的激素提取和检测方法分析了白桦叶片中的内源激素水平。在利用 Solexa 技术建立白桦茎尖和花芽尖转录本文库的基础上，获得了 2320 条长度大于 300 bp 的基因序列，分别克隆并鉴定出与 GA 生物合成相关基因、与 ABA 生物合成相关基因及生长素响应基因 *BpGH3* 的家族成员，并提交到 GenBank(登录号：HO112157～HO112178，HO112182～HO112190)。采用统计学 Pearson 相关分析方法，分析了相同树龄白桦幼树内源 ABA 含量的时序变化与 ABA 生物合成相关基因时序表达之间的关系，以及内源 IAA 含量的时序变化与生长素响应基因 *BpGH3* 基因时序表达之间的关系。获得的主要结论有以下几个方面。

1) 以白桦幼树嫩叶为实验材料，优化了激素的提取和含量检测方法

(1) 优化了提取、固相萃取法纯化白桦叶片中内源激素的条件。

(2) 优化了同时检测 4 种植物内源激素(GA_3、IAA、ABA、ZT)的 HPLC-PAD 检测方法。

(3) 优化了同时检测 5 种植物内源激素(GA_3、GA_4、IAA、ABA、ZT)的 LC-MS/MS 检测方法。

2) 内源 GA_3 和 GA_4 水平的时序变化及 GAs 生物合成关键基因的时序表达

(1) 白桦 1 个生长周期中，采集的 8 个嫩叶样品中均检测到内源 GA_3 和 GA_4，不同树龄、不同生长时期内源 GA_3 和 GA_4 水平的时序变化存在着显著差异。不同树龄的白桦幼树中 GA_3 和 GA_4 水平存在着类似的变化趋势，而且随着树龄的增加 GA_3 和 GA_4 的水平逐渐增大，同时，GA_4 水平在这个发育阶段一直高于 GA_3 水平。内源 GA_3 和 GA_4 水平的日变化存在着由高到低的变化

趋势，GA_3和GA_4水平分别在下午14：00和中午12：00达到峰值。同一树龄的白桦幼树，已开花结实的GA_3和GA_4的平均水平显著高于尚未开花结实的白桦幼树中的含量，表明赤霉素对白桦的生长发育起着极大的促进作用。

(2)克隆并鉴定出10个调控赤霉素生物合成的关键基因。基因表达分析表明，在白桦生长发育初期(5月1日)，这些基因的表达丰度存在极显著差异。*BpCPS2*的表达丰度最低，*BpDDGP*的表达丰度最高。在整个生长周期，这10个基因的表达模式存在很大差异，其中*BpCPS2*和*Bp20ox2*两个基因的表达模式相近；*BpKS*、*BpKO1*、*BpKO2*、*Bp2ox*和*Bp20ox3*等5个基因的表达模式相近；其他的*BpDDGP*基因、*BpCPS1*基因和*Bp20ox1*基因表现为各自不同的表达模式。

3)内源ABA水平的时序变化及ABA生物合成关键基因的时序表达

(1)白桦一个生长周期中，采集的8个嫩叶样品中均检测到内源ABA，并且ABA水平的时序变化呈很大差异，表现为先升高、降低，再升高、降低，又升高、降低的变化趋势。在5月15日达到ABA含量的峰值。

(2)克隆并鉴定出12个调控ABA生物合成的关键基因。基因表达分析表明，在白桦生长发育初期(5月1日)，这些基因的表达丰度存在极显著的差异。*BpNCED3*的表达丰度最低，*BpNCED4*的表达丰度最高。在整个生长周期，这12个基因的表达模式存在很大差异，其中*BpNCED1*、*BpNCED2*、*BpNCED4*和*BpZEP4*四个基因的表达模式相近；*BpNCED5*和*BpAAO*两个基因的表达模式相近；*BpZEP2*和*BpZEP3*两个基因的表达模式相近；*BpZEP1*、*BpZEP5*和*BpZEP6*三个基因的表达模式相近；而基因*BpNCED3*表现出各自不同的表达模式。

(3)Pearson相关性分析结果表明：白桦幼树嫩叶中的3个基因(*BpNCED4*、*BpNCED5*和*BpZEP6*)的时序表达与ABA水平的时序变化显著相关($P<0.05$)。其中，基因*BpNCED5*与ABA生物合成呈正相关，*BpNCED4*和*BpZEP6*与ABA生物合成呈负相关。

4)内源IAA水平的时序变化及生长素响应基因*GH3*基因的时序表达

(1)白桦1个生长周期中，采集的8个嫩叶样品中均检测到内源IAA，并且IAA水平的时序变化表现出很大差异，为从低到高，再降低，又升高的过程。在6月1日和7月1日，IAA含量处在最高水平。

(2)克隆并鉴定出9个生长素响应基因*BpGH3*基因。基因表达分析表明，在白桦生长发育初期(5月1日)，这些基因的表达量存在极显著差异，

BpGH3.6c 的表达量最低，*BpGH3.3* 的表达量最高。在整个生长周期，这 9 个基因的表达模式存在很大差异，其中 *BpGH3.6a* 和 *BpGH3.6b* 这两个基因的表达模式相近；*BpGH3.3*、*BpGH3.5a*、*BpGH3.5b* 和 *BpGH3.9a* 四个基因的表达模式相近；其他的 *BpGH3.5c* 基因、*BpGH3.6c* 基因和 *BpGH3.9b* 基因表现为各自不同的表达模式。

(3) Pearson 相关性分析结果表明：白桦幼树嫩叶中的 4 个基因 *BpGH3.5a*（$P<0.01$）、*BpGH3.5b*（$P<0.01$）、*BpGH3.9a*（$P<0.01$）和 *BpGH3.3*（$P<0.05$）的时序表达与 IAA 水平的时序变化显著相关。而且，这些基因的表达均与 IAA 水平呈负相关，说明这些基因可以通过负反馈作用来调控 IAA 的生物合成。

参考文献

曹婧, 兰海燕. 2014. 植物激素脱落酸受体及其信号转导途径研究进展. 生物技术通报, (6): 22-28.

陈菲, 陈丽璇, 刘鸿洲, 等. 2010. 质谱技术在植物内源激素检测中的应用. 亚热带植物科学, 39(4): 69-73.

胡先明, 何建社. 1990. 赤霉素 GA3(920)理化性质与提取方法. 适用技术市场, (11): 9-10.

盖学瑞, 张国锋, 王炜, 等. 2005. 外源激素对白桦移植生根的影响. 沈阳大学学报, 17(6): 92-93, 96.

黄晓荣, 张平治, 吴新杰, 等. 2009. 植物内源激素测定方法研究进展. 中国农学通报, 25(11): 84-87.

霍树春, 李建科, 李锋, 等. 2007. 赤霉素的剂型及其应用研究. 安徽农业科学, 35(24): 7394-7397.

姜静, 李同华, 庄振东, 等. 2003. 白桦雌花发育、大孢子发生及胚胎发育的解剖学观察. 植物研究, 23(1): 46-50.

李同华. 2004. 白桦生殖发育中形态解剖学研究和内源激素的动态变化分析. 哈尔滨: 东北林业大学博士学位论文.

李雨薇, 肖浪涛. 2007. 植物激素检测技术的现状和发展. 生命科学仪器, 5(12):10-14.

梁艳. 2003. 白桦花发育不同时期内源激素及蛋白质变化分析. 哈尔滨: 东北林业大学博士学位论文.

鲁旭东, 吴顺. 2004. 脱落酸对植物生长发育的调控作用. 孝感学院学报, 24(3): 10-14.

倪迪安, 许智宏. 2001. 生长素的生物合成、代谢、受体和极性运输. 植物生理学通讯, 37(4): 346-352.

潘根生, 沈生荣, 吴伯千, 等. 1995. 茶树新梢内源玉米素的检测及分布. 茶叶科学, 15(2): 117-120.

钱晶晶, 曾凡锁, 王晓凤, 等. 2008. 培养基组分、激素及pH值对转基因白桦花粉萌发的影响. 生物技术通报, (6): 106-109.

邵旻玮. 2010. 龙须菜在逆境胁迫条件下的植物激素应激反应. 宁波: 宁波大学硕士学位论文.

宋福南, 杨传平, 刘雪梅. 2006. 白桦雌花发育过程中内源激素动态变化. 植物生理学通讯, 42(3): 465-466.

孙涛, 柴团耀, 刘戈宇, 等. 2008. 植物 GH3 基因家族研究进展[J]. 生物工程学报, 24(11): 1860-1866.

谈心, 马欣荣. 2008. 赤霉素生物合成途径及其相关研究进展. 应用与环境生物学报, 14(4): 571-577.

王冰, 李家洋, 王永红. 2006. 生长素调控植物株型形成的研究进展. 植物学通报, 23(5): 443-458.

王家利, 刘冬成, 郭小丽, 等. 2012. 生长素合成途径的研究进展. 植物学报, 47(3): 292-301.

王丽萍, 李志刚, 谭乐和, 等. 2011. 植物内源激素研究进展. 安徽农业科学, 39(4): 1912-1914.

魏志刚, 钱婷婷, 张凯旋, 等. 2011. 外源 GA3 对白桦成花基因影响的定 PCR 分析. 林业科学, 47(7): 187-192.

吴建明, 陈荣发, 黄杏, 等. 2016. 高等植物赤霉素生物合成关键组分 GA20-oxidase 氧化酶基因的研究进展. 生物技术通报, 32(7): 1-12.

吴月亮, 杨传平, 王秋玉, 等. 2005. 内源激素含量的变化与白桦成花关系的研究. 辽宁林业科技, (4): 7-8, 47.

杨传平, 刘桂丰, 姜静, 等. 2002. 白桦雄花发育过程中内源激素含量的变化. 东北林业大学学报. 30(4): 1-4.

杨传平, 刘桂丰, 魏志刚, 等. 2004. 白桦强化促进提早开花结实技术的研究. 林业科学, 40(6): 75-78.

杨洪强, 接玉玲. 2001. 高等植物脱落酸的生物合成及其调控. 植物生理学通讯, 37(5): 457-462.

苑博华, 廖祥儒, 郑晓洁, 等. 2005. 吲哚乙酸在植物细胞中的代谢及其作用. 生物学通报, 40(4): 21-23.

曾文芳, 潘磊, 牛良, 等. 2015. 桃 GH3 基因家族的生物信息学分析及其在果实发育中的表达. 园艺学报, 42(5): 228-228.

詹亚光, 杨传平, 金贞福, 等. 2001. 白桦插穗生根的内源激素和营养物质. 东北林业大学学报, 29(4): 1-4.

张毅. 2009. 微波合成分子印迹磁性微球及在复杂样品痕量分析中应用. 广州: 中山大学博士学位论文.

赵东利, 潘宇虹, 冯冠军, 等. 2009. 吲哚乙酸(IAA)诱导月季枝条生根研究. 大连大学学报, 30 (6): 85-86.

赵毓橘. 2002. 植物生长调节剂生理基础与检测方法. 北京: 化学工业出版社.

增田芳雄, 胜见允行, 今关英雅. 1972. 植物激素. 辽宁铁岭农学院《植物激素》翻译小组译. 北京: 科学出版社.

Aach H, Böse G, Graebe JE. 1995. *ent*-kaurene biosynthesis in a cell-free system from wheat (*Triticum aestivum* L.) seedlings and the localization of ent-kaurene synthetase in plastids of three species. Planta, 197(2): 333-342.

Agustí J, Zapater M, Iglesias DJ, et al. 2007. Differential expression of putative 9-cis-epoxycarotenoid dioxygenases and abscisic acid accumulation in water stressed vegetative and reproductive tissues of citrus. Plant Sci, 172(1): 85-94.

Ait-Ali T, Swain SM, Reid JB, et al. 1997. The LS locus of pea encodes the gibberellin biosynthesis enzyme *ent*-kaurene synthase A. Plant J, 11(3): 442-454.

Audran C, Borel C, Frey A, et al. 1998. Expression studies of the zeaxanthin epoxidase gene in *Nicotiana plumbaginifolia*. Plant Physiol, 118(3): 1021-1028.

Bensen RJ, Johal GS, Crane VC, et al. 1995. Cloning and characterization of the maize *An1* gene. Plant Cell, 7(1): 75-84.

Berleth T, Scarpella E, Friml J, et al. 2006. Control of leaf vascular patterning by polar auxin transport. Dev Biol, 20(8): 1015-1027.

Bermejo A, Granero B, Mesejo C, et al. 2018. Auxin and gibberellin interact in citrus fruit set. J Plant Growth Regul, 37: 491-501.

Birkemeyer C, Kolasa A, Kopka J. 2003. Comprehensive chemical derivatization for gas chromatography-mass spectrometry-based multi-targeted profiling of the major phytohormones. J Chromatogr A, 993(1/2): 89-102.

Blake PS, Browning G, Benjamin LJ, et al. 2000. Gibberellins in seedlings and flowering trees of *Prunus avium* L. Phytochemistry, 53(4): 519-528.

Bömke C, Tudzynski B. 2010. Diversity, regulation, and evolution of the gibberellin biosynthetic pathway in fungi compared to plants and bacteria. Cheminform, 41(17): 1876-1893.

Boyd J, Gai YZ, Nelson KM, 2009. Sesquiterpene-like inhibitors of a 9-*cis*-epoxycarotenoid dioxygenase regulating abscisic acid biosynthesis in higher plants. Bioorg Med Chem, 17(7): 2902-2912.

Brooking IR, Cohen D. 2002. Gibberellin-induced flowering in small tubers of *Zantedeschia* 'Black Magic'. Sci Hortic, 95(1): 63-73.

Carrera E, Jackson SD, Prat S. 1999. Feedback control and diurnal regulation of gibberellin 20-oxidase trscript levels in potato. Plant Physiol, 119(2): 765-773.

Campanella JJ, Ludwig-Mueller J, Bakllamaja V, et al.2003. ILR1 and sILR1 IAA amidohydrolase homologs differ in expression pattern and substrate specificity. Plant Growth Regul, 41: 215-223.

Chandler JW. 2016, Auxin response factors. Plant Cell Environ, 39(5): 1014-1028.

Chen IC, Lee SC, Pan SM, et al.2007. *GASA4*, a GA-stimulated gene, participates in light signaling in *Arabidopsis*. Plant Sci, 172(6): 1062-1071.

Chen Q, Westfall CS, Hicks LM, et al. 2010. Kinetic basis for the conjugation of auxin by a GH3 family indole-acetic acid-amido synthetase. J Biol Chem, 285(39): 29780-29786.

Chernys JT, Zeevaart JAD. 2000. Characterization of the 9-cis-epoxycarotenoid dioxygenase gene family and the regulation of abscisic biosynthesis in avocado. Plant Physiol, 124(1): 343-353.

Cowan AK, Richardson GR. 1997. Carotogenic and abscisic acid biosynthesizing activity in a cell-free system. Physiol Plantarum, 99(3): 371-378.

Cornelissen JHC, Lavorel S, Garnaier E, et al. 2003. A hand book of protocols for standardized and easy measurement of plant functional traits world wide. Aust J Bot, 51: 335-380.

Dayan J, Schwarzkopf M, Avni A, 2010. Enhancing plant growth and fiber production by silencing GA 2-oxidase. Plant Biotech J, 8(4): 425-435.

Dobrev PI, Kamínek M. 2002. Fast and efficient separation of cytokinins from auxin and abscisic acid and their purification using mixed-mode solid-phase extraction. J Chromatogr A, 950(1-2): 21-29.

Engelberth J, Schmelz EA, Alborn HT, et al. 2003. Simultaneous quantification of jasmonic acid and salicylic acid in plants by vapor-phase extraction and gas chromatography-chemical ionization-mass spectrometry. Anal Biochem, 312(2): 242-250.

Fan ZQ, Tan XL, Shan W, et al. 2018. Characterization of a transcriptional regulator, *BrWRKY6*, associated with gibberellin-suppressed leaf senescence of Chinese flowering cabbage. J Agric Food Chem, 66: 1791-1799.

Fei HM, Zhang RC, Pharis RP, et al. 2004. Pleiotropic effects of the *male sterile33* (*ms33*) mutation in *Arabidopsis* are associated with modifications in endogenous gibberellins, indole-3-acetic acid and abscisic acid. Planta, 219(4): 649-660.

Feng Y, Zhang XH, Wu T, et al. 2017. Methylation effect on IPT5b gene expression determines cytokinin biosynthesis in apple rootstock. Biochem Bioph Res Co, 482: 604-609.

Finkelstein RR, Gibson SI. 2001. ABA and sugar interactions regulating development: cross-talk or voices in a crowd?. Curr Opin Plant Biol, 5(1): 26-32.

Frey A, Boutin JP, Sotta B, et al. 2006. Regulation of carotenoid and ABA accumulation during the development and germination of *Nicotiana plumbaginifolia* seeds. Planta, 224(3): 622-632.

Fukazawa J, Sakai T, Ishida S, et al. 2000. Repression of shoot growth, a bZIP transcriptional activitor, regulation cell elongation by controlling the level of gibberellins. Plant Cell, 12(6): 901-915.

Guilfoyle TJ. 1999. Chapter 19-Auxin-regulated genes and promoters. New Comprehensive Biochem, Amsterdam: Elsevier Science, 33: 423-459.

Guo YF, Chen FJ, Zhang FS, et al. 2005. Auxin transport from shoot to root is involved in the response of lateral root growth to localized supply of nitrate in maize. Plant Sci, 169(5): 894-900.

Hanna R, Tatu H, Tapio L, et al. 2008. Male flowering of birch: Spatial synchronization, year-to-year variation and relation of catkin numbers and airborne pollen counts. For Ecol Manage, 255(3-4): 643-650.

Hartweck L. 2008. Gibberellin signaling. Planta, 229(1): 1-13.

Hartweck L. 2013. Gibberellin signaling. PMID, 140(6): 1147-1151.

Hayashi K, Kawaide H, Notomi M, et al. 2006. Identification and functional analysis of bifunctional ent-kaurene synthase from the moss *Physcomitrella patens*. FEBS Lett, 580(26): 6175-6181.

Hedden P, Phillips AL. 2000. Manipulation of hormone biosynthetic genes in transgenic plants. Curr Opin Biotechnol, 11(2): 130-137.

Helliwell CA, Sheldon CC, Olive MR, et al. 1998. Cloning of the *Arabidopsis ent*-kaurene oxidase gene GA_3. Proc Natl Acad Sci USA, 95(15): 9019-9024.

Helliwell CA, Poole A, Peacock WJ, Dennis ES. 1999. *Arabidopsis ent*-kaurene oxidase catalyzes three steps of gibberellin biosynthesis. Plant Physiol, 119(2): 507-510.

Hooykaas PJJ, Hall MA, Libbenga KR. 1999. Biochemistry and Molecular Biology of Plant Hormones. Amsterdam: Elsevier Science.

Hou S, Zhu J, Ding M, et al. 2008. Simultaneous determination of gibberellic acid, indole-3-acetic acid and abscisic acid in wheat extracts by solid-phase extraction and liquid chromatography-electrospray tandem mass spectrometry. Talanta, 76(4): 798-802.

Huang J, Tang D, Shen Y, et al. 2010. Activation of gibberellin 2-oxidase 6 decreases active gibberellin levels and creates a dominant semi-dwarf phenotype in rice (*Oryza sativa* L.). J Genet Genomics, 37: 23-36.

Huang X, Bao YN, Wang B, et al. 2016. Identification and expression of *Aux/IAA*, *ARF*, and *LBD* family transcription factors in *Boehmeria nivea*. Biologla Plantarum, 60(2): 244-250.

Ingram TJ, Reid JB. 1987. Internode length in *Pisum*. Gene na may block gibberellin synthesis between *ent*-7-α-hydroxykaurenoic acid and gibberellin A(12)-aldehyde. Plant Physiol, 83(4): 1048-1053.

Ismail MR, Davies WJ, Awad MH. 2002. Leaf growth and stomatal sensitivity to ABA in droughted pepper plants. Sci Hortic, 96(1-4): 313-327.

Izydorczyk C, Nguyen TN, Jo S, et al. 2018. Spatiotemporal modulation of abscisic acid and gibberellin metabolism and signalling mediates the effects of suboptimal and supraoptimal temperatures on seed germination in wheat (*Triticum aestivum* L.) Plant Cell and Environ, 41: 1022-1037.

Jiang H, Xu ZJ, Gao XL. 2007. Purification and analysis of abscisic acid-specifically-inducible proteins from rice callus. Rice Sci, 14 (2): 111-117.

Jogaiah S, Abdelrahman M, Tran LP, et al. 2018. Different mechanisms of Trichoderma virens-mediated resistance in tomato against *Fusarium wilt* involve the jasmonic and salicylic acid pathways. Mol Plant Pathol, 19 (4): 870-882.

Ju EM, Lee SE, Hwang HJ, et al. 2004. Antioxidant and anticancer activity of extract from *Betula platyphylla* var. Japonica. Life Sci, 74 (8): 1013-1026.

Kapoor K, Mira MM, Ayele BT, et al. 2018. Phytoglobins regulate nitric oxide-dependent abscisic acid synthesis and ethylene-induced program cell death in developing maize somatic embryos. Planta, 247: 1277-1291.

Khan S, Stone JM. 2007. *Arabidopsis thaliana GH3.9* influences primary root growth. Planta, 226 (1): 21-34.

Kitsaki CK, Drossopoulos JB. 2005. Environmental effect on ABA concentration and water potential in olive leaves (*Olea europaea* L. cv "Koroneiki") under non-irrigated field conditions. Environ Exp Bot, 54 (1): 77-89.

Köksal M, Hu H, Coates RM, et al. 2011. Structure and mechanism of the diterpene cyclase ent-copalyl diphosphate synthase. Nat Chem Boil, 7 (7): 431-433.

Koo YJ, Yoon E, Song JT, et al. 2008. An advanced method for the determination of carboxyl methyl esterase activity using gas chromatography-chemical ionization-mass spectrometry. J Chromatogr B, 863 (1): 80-87.

Kurepin LV, Walton LJ, Pharis RP, et al. 2011. Interactions of temperature and light quality on phytohormone-mediated elongation of *Helianthus annuus* hypocotyls. Plant Growth Regul, 64 (2): 147-154.

Lee DJ, Zeevaart JA. 2005. Molecular Cloning of *GA 2-Oxidase3* from Spinach and Its Ectopic Expression in *Nicotiana sylvestris*. Plant Physiology, 138 (1): 243-254.

Li J, Phan TT, Li YR, et al. 2018. Isolation, transformation and overexpression of sugarcane *SoP5CS* gene for drought tolerance improvement. Sugar Tech, 20 (4): 464-473.

Li WZ, Song ZH, Emery RJN, et al. 2010. Effects of day length, light quality and ethylene on PHYTOCHROME B expression during stem elongation in *Stellaria longipes*. Plant Growth Regul, 63 (3): 291-300.

Lin J, Jin YJ, Zhou X, et al. 2010. Molecular cloning and functional analysis of the gene encoding geranylgeranyl diphosphate synthase from *Jatropha curcas*. Afr J Biotechnol, 9 (23): 3342-3351.

Liu KD, Kang BC, Jiang H. 2005. A *GH3*-like gene, *CcGH3*, isolated from *Capsicum chinense* L. fruit is regulated by auxin and ethylene. Plant Mol Biol, 58 (4): 447-464.

Liu XM, Yang CP. 2006. Temporal characteristics of developmental cycles of female and male flowers in *Betula platyphylla* in northeastern China. Scientia Silvae Sinacae, 42 (12): 28-32.

Livak KJ, Schmittgen TD. 2001. Analysis of relative gene expression data using real-time quantitative PCR and the 2 (-Delta Delta C (T)) Method. Methods, 25 (4):402-408.

López-Carbonell M, Jáuregui O. 2005. A rapid method for analysis of abscisic acid (ABA) in crude extracts of water stressed *Arabidopsis thaliana* plants by liquid chromatography-mass spectrometry in tandem mode. Plant Physiol Biochem, 43 (4): 407-411.

Luchi S, Kobayashi M, Yamaguchishinozaki K, et al. 2000. A stress-inducible gene for 9-cis-epoxycarotenoid dioxygenase involved in abscisic acid biosynthesis under water stress in drought-tolerant cowpea. Plant Physiol, 123 (2): 553-562.

Ludwigmüller J, Decker EL, Reski R. 2009. Dead end for auxin conjugates in *Physcomitrella*? Plant Signal Behav, 4 (2): 116-118.

Ma Z, Ge LY, Lee A. 2008. Simultaneous analysis of different classes of phytohormones in coconut (*Cocos nucifera* L.) water using high performance liquid chromatography and liquid chromatography-tandem mass spectrometry after solid-phase extraction. Analytica Chimica Acta, 610 (2): 274-281.

Major IT, Yoshida Y, Campos ML, et al. 2017. Regulation of growth-defense balance by the JASMONATE ZIM-DOMAIN (JAZ)-MYC transcriptional module. New Phytologist, 215: 1533-1547.

Martí E, Carrera E, Ruizrivero O, et al. 2010. Hormonal regulation of tomato *gibberellin 20-oxidase1* expressed in *Arabidopsis*. J Plant Physiol, 167(14): 1188-1196.

Martin DN, Proebsting WM, Hedden P. 1997. Mendel's dwarfing gene: cDNAs from the Le alleles and the funtion of the expressed proteins. Proc Natl Acad Sci USA, 94(16): 8907-8911.

Mauriat M, Moritz T. 2009. Analyses of *GA20ox*- and *GID1*-over-expressing aspen suggest that gibberellins play two distinct roles in wood formation. Plant J, 58(6): 989-1003.

Meyer R, Rautenbach GF, Dubery IA. 2003. Identification and quantification of methyl jasmonate in leaf volatiles of *Arabidopsis thaliana* using solid-phase microextraction in combination with gas chromatography and mass spectrometry. Phytochem Anal, 14(3): 155-159.

Milborrow BV. 2001. The pathway of biosynthesis of abscisic acid in vascular plants: a review of the present state of knowledge of ABA biosynthesis. J Exp Bot, 52(359): 1145-1164.

Moritz T, Philipson JJ, Odén PC. 1989. Metabolism of tritiated and deuterated gibberellins A1, A4, and A9 in Sitka spruce (*Picea sitchensis*) shoots during the period of cone-bud differentiation. Physiol Plant, 77: 39-45.

Mueller MJ, Mène-Saffranè L, Grun C, et al. 2006. Techniques for molecular analysis. Oxylipin analysis methods. Plant J, 45: 472-489.

Müller H. 1997. Determination of the carotenoid content in selected vegetables and fruit by HPLC and photodiode array detection. Z Lebensm Unters Forsch A, 204(2): 88-94.

Nambara E, Marion-Poll A. 2003. ABA action and interactions in seeds. Trends Plant Sci, 8(5): 213-217.

Nonhebel H, Yuan Y, Al-Amier H, et al. 2011. Redirection of tryptophan metabolism in tobacco by ectopic expression of an *Arabidopsis* indolic glucosinolate biosynthetic gene. Phytochemistry, 72(1): 37-48.

Normanly J, Cohen ID, Fink GR. 1993. *Arabidopsis thaliana* auxotrophs reveal a tryptophan-independent biosynthetic pathway for indole-3-acetic acid. Proc Natl Acad Sci USA, 90(21): 10355-10359.

Normanly J. 2010. Approaching cellular and molecular resolution of auxin biosynthesis and metabolism. Cold Spring Harb Perspect Biol, 2(1): 1-17.

Nowicka B, Strzalka W, Strzalka K. 2009. New transgenic line of *Arabidopsis thaliana* with partly disabled zeaxanthin epoxidase activity displays changed carotenoid composition, xanthophyll cycle activity and non-photochemical quenching kinetics. J Plant Physiol, 166(10): 1045-1056.

Okada K, Saito T, Nakagawa T, et al. 2000. Five geranylgeranyl diphosphate synthases expressed in different organs are localized into three subcellular compartments in *Arabidopsis*. Plant Physiol, 122(4): 1045-1056.

Overvoorde P, Fukaki H, Beeckman T. 2010. Auxin Control of Root Development. Cold Spring Harb Perspect Biol, 2(6): 1-16.

Ouyang J, Shao X, Li J. 2000. Indole-3-glycerol phosphate, a branchpoint of indole-3-acetic acid biosynthesis from the tryptophan biosynthetic pathway in *Arabidopsis thaliana*. Plant J, 24: 327-333.

Pan XQ, Welti R, Wang XM. 2008. Simultaneous quantification of major phytohormones and related compounds in crude plant extracts by liquid chromatography - electrospray tandem mass spectrometry. Phytochemistry, 69(8): 1773-1781,

Park JE, Park JY, Kim YS, et al. 2007. GH3-mediated auxin homeostasis links growth regulation with stress adaptation response in *Arabidopsis*. J Biol Chem, 282(13): 10036-10046.

Pagedegivry MTL, Garello G, Barthe P. 1997. Changes in abscisic acid biosynthesis and catabolism during dormancy breaking in *Fagus sylvatica* Embryo. J Plant Growth Regul, 16(2): 57-61.

Phillips AL. 1998. Gibberellins in *Arabidopsis*. Plant Physiol Biochem, 36(1-2): 115-124.

Potter TI, Rood SB, Zanewich KP. 1999. Light intensity, gibberellin content and the resolution of shoot growth in *Brassica*. Planta, 207(4): 505-511.

Raven PH, Johnson GB. 2002. Biology (sixth edition). New York: NY McGrall-Hill.

Ren HB, Fan YJ, Gao ZH, et al. 2007. Roles of a sustained activation of *NCED3* and the synergistic regulation of ABA biosynthesis and catabolism in ABA signal production in *Arabidopsis*. Chin Sci Bull 52(4):484-491.

Rohmer M. 1999. The discover of a mevalonate independent pathway for isoprenoid biosynthesis in bacteria algae and higher plants. Nat Pro Rep, 16(5): 565-574.

Rohdich F, Wungsintaweekul J, Fellermieier M, et al. 1999. Cytidine 5'-triphosphate-dependent biosynthesis of isoprenoids. YgbP protein of *Eschericha coli* catalyses the formation of 4-diphosphocytidyl-2-*C*-methylerthritol. Pro Natl Acad Sci USA, 96(21): 11758-11763.

Ruedell CM, Almeida MR, Fett-Neto AG. 2015. Concerted transcription of auxin and carbohydrate homeostasis-related genes underlies improved adventitious rooting of microcuttings derived from far-red treated *Eucalyptus globulus* Labill mother plants. Plant Physiol Bioch, 97(3): 11-19.

Sagi M, Fluhr R, Lips SH. 1999. Aldehyde oxidase and xanthine dehydrogenase in a flacca tomato mutant with deficient abscisic and wilty phenotype. Plant Physiol, 121(1): 315-321.

Sangwang H, Chen HC, Huang WY, et al. 2010. Ectopic expression of rice OsNCED3 in *Arabidopsis* increases ABA level and alters leaf morphology. Plant Sci, 178(1): 12-22.

Schmelz EA, Engelberth J, Alborn HT, et al. 2003. Simultaneous analysis of phytohormones, phytotoxins, and volatile organic compounds in plants. Proc Natl Acad Sci USA, 100(18): 10552-10557.

Schomburg FM, Bizzell CM, Lee DJ, et al. 2003. Overexpression of a novel class of gibberellin 2-Oxidases decreases gibberellin levels and creates dwarf plants. Plant Cell, 15(1): 151-163.

Seiler C, Harshavardhan VT, Rajesh K, et al. 2011. ABA biosynthesis and degradation contributing to ABA homeostasis during barley seed development under control and terminal drought-stress conditions. J Exp Bot, 62(8): 2615-2632.

Seo M, Koshiba T. 2002. Complex regulation of ABA biosynthesis in plants. Trends Plant Sci, 7(1): 41-48.

Shi J, Yan BY, Lou XP, et al. 2017. Comparative transcriptome analysis reveals the transcriptional alterations in heat resistant and heat-sensitive sweet maize (*Zea mays* L.) varieties under heat stress. BMC Plant Biol, 17: 26-36.

Singkaravanit S, Kinoshita H, Ihara F, et al. 2010. Cloning and functional analysis of the second geranylgeranyl diphosphate synthase gene influencing helvolic acid biosynthesis in *Metarhizium anisopliae.* Appl. Microbiol. Biot, 87(3): 077-1088.

Staswick PE, Serban B, Rowe M, et al. 2005. Characterization of an *Arabidopsis* enzyme family that conjugates amino acids to indole-3-acetic acid. Plant Cell, 17(2): 616-627.

Sugawara S, Hishiyama S, Jikumaru Y, et al. 2009. Biochemical analyses of indole-3-acetaldoximedependent auxin biosynthesis in *Arabidopsis*. PNAS, 106(13): 5430-5435.

Sun TP, Kamiya Y. 1994. The *Arabidopsis GA1* locus endodes the cyclase *ent*-kaurene synthetase A of gibberellin biosynthesis. Plant Cell, 6(10): 1509-1518.

Swain SM, Reid JB, Kamiya Y. 1997. Gibberellins are required for embryo growth and seed development in pea. Plant J, 12(6): 1329-1338.

Swain SM, Singh DP. 2005. Tall tales from sly dwarves: novel functions of gibberellins in plant development. Trends Plant Sci, 10(3): 123-129.

Szepesi Á, Csiszár J, Gémes K, et al. 2009. Salicylic acid improves acclimation to salt stress by stimulating abscisic aldehyde oxidase activity and abscisic acidic cumulation, and increases Na^+ content in leaves without toxicity symptoms in *Solanum lycopersicum* L. J Plant Physiol, 166(9): 914-925.

Tan BC, Schwartz SH, Zeevaart JAD, et al. 1997. Genetic control of abscisic acid biosynthesis in maize. Proc Natl Acad Sci USA, 94(22): 12235-12240.

Terol J, Domingo C, Talón M. 2006. The *GH3* family in plants: genome wide analysis in rice and evolutionary history based on EST analysis. Gene, 371(2): 279-290.

Thabet I, Guirimand G, Guihur A, et al. 2012. Characterization and subcellular localization of geranylgeranyl diphosphate synthase from Catharanthus roseus. Mol Biol Rep, 39(3): 3235-3243.

Thomas M, Paula E, Timo H, et al. 2009. Gibberellin mediates daylength-controlled differentiation of vegetative meristems in strawberry (*Fragaria*×*ananassa* Duch). BMC Plant Biol, 9(1): 1-12.

Tromas A, Perrot-Rechenmann C. 2010. Recent progress in auxin biology. C R Biol, 333(4): 297-306.

Tucker GA, Roberts JA. 2000. Plant Hormone Protocols. New York: Humana Press.

Urano K, Maruyama K, Jikumaru Y, et al. 2017. Analysis of plant hormone profiles in response to moderate dehydration stress. Plant Journal, 90: 17-36.

Wan SB, Wang W, Luo M, et al. 2010. cDNA cloning, prokaryotic expression, polyclonal antibody preparation of the auxin-binding protein 1 gene from Grape Berry. Plant Mol Biol Rep, 28(3): 373-380.

Wang C, Wang YC, Diao GP, et al. 2004. Isolation and characterization of expressed sequence tags (ESTs) from cambium tissue of birch (*Betula platyphylla* Suk). Plant Mol Biol Rep, 28(3): 438-449.

Wang H, Tian CE, Duan J, et al. 2008. Research progresses on *GH3*, one family of primary auxin-responsive genes. Plant Growth Regul, 56(3): 225-232.

Wang Q, Zeng J, Deng K, et al. 2011a. DBB1a, involved in gibberellin homeostasis, functions as a negative regulator of blue light-mediated hypocotyl elongation in *Arabidopsis*. Planta, 233(1): 13-23.

Wang S, Jiang J, Li TF, et al. 2011b. Influence of nitrogen, phosphorus, and potassium fertilization on flowering and expression of flowering-associated genes in white Birch (*Betula platyphylla* Suk.). Plant Mol Biol Rep, 29(4): 794-801.

Wolters AM, Uitdewilligen JG, Kloosterman BA, et al. 2010. Identification of alleles of carotenoid pathway genes important for zeaxanthin accumulation in potato tubers. Plant Mol Biol, 73(6): 659-671.

Wu Q, Bai JW, Tao XY, et al. 2018. Synergistic effect of abscisic acid and ethylene on color development in tomato (*Solanum lycopersicum* L.) fruit. Scientia Horticulturae, 235: 169-180.

Wu T, Cao JS, Zhang YF. 2008. Comparison of antioxidant activities and endogenous hormone levels between bush and vine-type tropical pumpkin (*Cucurbita moschata* Duchesne). Sci Hortic, 116(1): 27-33.

Xiao CW, Sang WG, Wang RZ. 2008. Fine root dynamics and turnover rate in an Asia white birch forest of Donglingshan Mountain, China. For Ecol Manage, 255(3-4): 765-773.

Xu QR, Pan W, Zhang RR, et al. 2018. Inoculation with *Bacillus subtilis* and *Azospirillum brasilense* Produces abscisic acid that reduces Irt1-mediated cadmium uptake of roots. J Agric Food Chem, 66:5229-5236.

Xu YL, Li L, Wu K, et al. 1995. The GA_5 locus of *Arabidopsis thaliana* encodes a multifunctional gibberellin 20-oxidase: molecular cloning and functional expression. Proc Natl Acad Sci USA, 92(14): 6640-6644.

Yamaguchi S, Saito T, Abe H, et al. 1996. Molecular cloning and characterization of a cDNA encoding the gibberellin biosynthetic enzyme *ent*-kaurene synthase B from pumpkin (*Cucurbita maxima* L.). Plant J, 10(2): 203-213.

Yamaguchi S, Smith MW, Brown RG, et al. 1998a. Phytochrome regulation and differential expression of gibberellin 3β-hydroxylase genes in germinating *Arabidopsis* seeds. Plant Cell, 10(12): 2115-2126.

Yamaguchi S, Sun TP, Kawaide H, et al. 1998b. The *GA2* locus of *Arabidopsis thaliana* encodes *ent*-kaurene synthase of gibberellins biosynthesis. Plant Physiol, 116(4): 1271-1278.

Yamaguchi S. 2008. Gibberellin metabolism and its regulation. Annu Rev Plant Biol, 59: 225-251.

Yoneda Y, Shimizu H, Nakashima H, et al. 2018. Effect of treatment with gibberellin, gibberellin biosynthesis inhibitor, and auxin on steviol glycoside content in *Stevia rebaudiana* Bertoni. Sugar Tech, 20(4): 482-491.

Yue C, Cao HL, Hao XY, et al. 2018. Differential expression of gibberellin- and abscisic acid-related genes implies their roles in the bud activity-dormancy transition of tea plants. Plant Cell Rep, 37: 425-441.

Zadra C, Borgogni A, Marucchini C. 2006. Quantification of jasmonic acid by SPME in tomato plants stressed by ozone. J Agric Food Chem, 54(25): 9317-9321.

Zdunek-Zastocka E. 2010. The activity pattern and gene expression profile of aldehyde oxidase during the development of *Pisum sativum* seeds. Plant Sci, 179 (5): 543-548.

Zhang FJ, Jin YJ, Xu XY, et al. 2010. Study on the extraction, purification and quantification of jasmonic acid, abscisic acid and indole-3-acetic acid in plants. Phytochem Anal, 19 (6): 560-567.

Zhang M, Leng P, Zhang GL, et al. 2009. Cloning and functional analysis of 9-cis-epoxycarotenoid dioxygenase (NCED) genes encoding a key enzyme during abscisic acid biosynthesis from peach and grape fruits. J Plant Physiol, 166 (12): 1241-1252.

Zhang YY, Li HX, Shu WB, et al. 2011. Suppressed expression of ascorbate oxidase gene promotes ascorbic acid accumulation in tomato fruit. Plant Mol Biol Rep, 29 (3): 638-645.

Zhu XF, Suzuki K, Saito T, et al. 1997a. Geranylgeranyl pyrophosphate synthase encoded by the newly isolated gene *GGPS6* from *Arabidopsis thaliana* localized in mitochondria. Plant Mol Biol, 35 (3): 331-341.

Zhu XF, Suzuki K, Okada K, et al. 1997b. Cloning and functional expression of a novel geranylgeranyl pyrophosphate synthase gene from *Arabidopsis thaliana* in *Escherichia coli.* Plant Cell Physiol, 38 (3): 357-361.

Žiauka J, Kuusienė S. 2010. Different inhibitors of the gibberellin biosynthesis pathway elicit varied responses during in vitro culture of aspen (*Populus tremula* L.). Plant Cell Tiss Organ Cult, 102 (2): 221-228.

编　后　记

《博士后文库》（以下简称《文库》）是汇集自然科学领域博士后研究人员优秀学术成果的系列丛书。《文库》致力于打造专属于博士后学术创新的旗舰品牌，营造博士后百花齐放的学术氛围，提升博士后优秀成果的学术和社会影响力。

《文库》出版资助工作开展以来，得到了全国博士后管委会办公室、中国博士后科学基金会、中国科学院、科学出版社等有关单位领导的大力支持，众多热心博士后事业的专家学者给予积极的建议，工作人员做了大量艰苦细致的工作。在此，我们一并表示感谢！

《博士后文库》编委会